现代无人直升机技术基础丛书

无人直升机系统概论

主　编　王春龙　高　宏　时荔蕙
副主编　王常青　王　旭　刘　垚　张　震
编　者　王春龙　高　宏　时荔蕙　王常青
　　　　王　旭　刘　垚　张　震　贾永军
　　　　郝博雅　张成鹤　龚云丽　孙　万
　　　　韦文静　张晶晶　白雪岗　霍亚东
　　　　陈　佳　邢立业

西北工业大学出版社

西安

【内容简介】 本书共8章,内容包括无人直升机系统的发展历程和组成,无人直升机系统的军用领域、民用及其他领域应用,无人直升机平台,地面控制系统的功能及软、硬件组成,测控与信息传输系统,任务载荷的应用场景、分类及工作原理,地面保障与维修系统的综合保障技术及运输保障系统,无人直升机系统的发展趋势。本书可为刚接触无人直升机领域的读者搭建起该领域的整体架构。

本书可作为高等学校相关专业课程教材,也可供无人直升机领域的专业技术人员参考。

图书在版编目(CIP)数据

无人直升机系统概论 / 王春龙,高宏,时荔蕙主编
. — 西安 : 西北工业大学出版社,2023.10
ISBN 978 - 7 - 5612 - 9050 - 7

Ⅰ. ①无… Ⅱ. ①王… ②高… ③时… Ⅲ. ①无人驾驶飞机-直升机-系统设计 Ⅳ. ①V275

中国国家版本馆 CIP 数据核字(2023)第 227960 号

WUREN ZHISHENGJI XITONG GAILUN

无 人 直 升 机 系 统 概 论
王春龙　高宏　时荔蕙　主编

责任编辑:高茸茸	策划编辑:杨　军	
责任校对:朱晓娟	装帧设计:李　飞	

出版发行:西北工业大学出版社
通信地址:西安市友谊西路 127 号　　邮编:710072
电　　话:(029)88491757,88493844
网　　址:www.nwpup.com
印 刷 者:西安五星印刷有限公司
开　　本:787 mm×1 092 mm　　1/16
印　　张:5.875
字　　数:147 千字
版　　次:2023 年 10 月第 1 版　　2023 年 10 月第 1 次印刷
书　　号:ISBN 978 - 7 - 5612 - 9050 - 7
定　　价:36.00 元

无人直升机是一种在无线电遥控下或者是根据预设程序可自主运行的不载人飞行器,可以执行许多有人直升机无法完成的任务。无人直升机独特的动力学特性使其具有很好的低空低速特性和极佳的机动灵活性,在军事与民用领域都备受青睐。在军事领域,自20世纪80年代的中东战争开始,无人直升机的军事价值逐步体现,逐渐展露锋芒。在民用领域,无人直升机广泛应用于地形勘察、侦察救灾、通信中继等任务。

无人直升机系统是一种"人在回路"的武器系统/控制,包括无人直升机平台、地面控制系统、测控与信息传输系统、任务载荷、地面保障与维修系统。

从零开始建立一个体系的过程是艰难且有价值的,感谢参与、支持编写,以及提出建设性修改意见的同事、朋友。

本书由多人共同编写,由王春龙、高宏、时荔蕙担任主编,由王常青、王晅、刘垚、张震担任副主编。本书第1章由王春龙、高宏、刘垚、时荔蕙编写,第2章由王常青、王晅、张震编写,第3章由贾永军、郝博雅编写,第4章由张成鹤、龚云丽编写,第5章由孙万、韦文静编写,第6章由张晶晶、白雪岗编写,第7章由霍亚东、陈佳编写,第8章由邢立业编写。特此感谢各位笔者严肃的学术态度、严谨的治学精神以及思辨的工作方法。

在编写本书的过程中,参阅了相关文献,在此向其作者表示衷心的感谢。

由于水平有限,书中不足之处在所难免,在此向各位同行、专家和读者诚心求教,敬请指正。

编　者

2023 年 3 月

前言

目录

第1章　绪论

1.1　无人直升机系统概述

无人驾驶航空器系统是指以无人驾驶航空器为主体,配有相关的分系统,能完成特定任务的一组设备。无人直升机是指由遥控设备或自备程序控制装置操纵,飞行时主要凭借一个或多个在基本垂直轴上由动力驱动的旋翼为主要升力和推进力来源,能垂直起落的重于空气的带任务载荷的不载人航空器。

随着直升机在国防和通用航空领域应用的不断拓展,直升机技术已经经历了四代发展。近年来,多旋翼无人机在大众消费领域的普及以及在行业领域的拓展,使垂直起降飞行器在民用市场得到了广泛关注。无论是在军事领域还是在民用领域,在无人机行业,无人直升机与多旋翼无人机类似,相较于固定翼无人机和有人直升机,有着独特的优势与特点,应用十分广泛,具有巨大的应用价值。

随着复合材料、动力系统、传感器等新技术的发展,无人直升机得到了迅速发展。无人直升机具有垂直起降、悬停、巡航以及快速转变航向等特点;能够自动操作,完成有人直升机和固定翼无人机无法完成的任务;无空勤人员伤亡风险,不受空勤人员生理的限制,可在驾驶员承受不了的环境(如沙漠、高温等)中飞行,可满足未来战争零伤亡的要求;垂直起降、受场地影响小、战场适应性强,可在狭小场地或舰上起降,具有超低空飞行能力,能躲避探测和跟踪。无人直升机系统成本低、消耗低,操作手培养费用远低于有人机飞行员的成本。这些优点,使其成为一种理想的无人飞行器,可广泛应用于高风险、长航时、起降环境受限、要求定点和低速飞行的各种复杂任务,不仅在军事领域得到了广泛应用,还可应用于警用、农业等领域。

1.2　无人直升机系统的发展历程

1.2.1　国外无人直升机系统的发展历程

1.基洛达因公司 QH-50 无人直升机

美国第一个用于实战的无人直升机型号是基洛达因公司推出的 QH-50 无人直升机(见图1-1),该型机于1960年完成首飞,可携带两枚 MK44 型鱼雷执行任务。

图 1-1　QH-50 无人直升机

QH-50 无人直升机换装了大功率发动机后,推出了 QH-50C 无人反潜直升机,性能参数与经济性均得到了大幅提升。基洛达因公司认为,QH-50C 无人反潜直升机的经济性要远远超过阿斯洛克反潜火箭。该公司的分析报告指出,单架 QH-50C 的价格仅 10 万美元,平均无故障时间为 150 h,期间可执行 154 架次的任务,平均单架次成本仅 650 美元,而阿斯洛克反潜火箭的一次性助推器单架次成本高达 5 000 美元,约是 QH-50C 的 8 倍。实际上,QH-50C 的可靠性仍然存在着严重的问题,其平均无故障时间只有 21 h,可以说连期望值的 15% 都没有达到。据 1968 年统计,平均每 80 个飞行小时就会有一架 QH-50C 损毁。

2.格鲁曼公司"火力侦察兵"系列无人直升机

自 2001 年以来,美国陆续发布了 8 版无人机/无人系统综合路线图,其中无人直升机界的"狠角色"非"火力侦察兵"无人直升机莫属。

美国格鲁曼公司的"火力侦察兵"无人直升机的研制,起源于 1999 年美国海军提出的"垂直起降战术无人机"计划,其是在施韦策 S330SP 型有人驾驶直升机上进行的无人化改造,初始版本为 RQ-8A。之后,为了提升性能,换装了新的发动机,旋翼桨叶由 3 片改为 4 片,在具备攻击能力后,形成多方面作战能力,更名为 MQ-8B,并于 2006 年完成首飞。

2010 年,格鲁曼公司出资与贝尔公司合作研制"火力-X"概念验证机,在贝尔 407 直升机平台基础上研制的 MQ-8C,续航时间和任务装载能力都大幅提升。MQ-8C 保留了贝尔 407 的性能,升级了 MQ-8B 的机体结构,任务载荷质量增加了 2 倍,去掉了座椅和机舱绝热装置等非任务所需的装备,换装了罗尔斯-罗伊斯公司的 M250-C47E 发动机,驾驶舱内安装了 MQ-8B 的全套无人驾驶航空电子设备和任务载荷,80%~90% 的机载软件可通用,仍采用 MQ-8B 的地面控制站。相比于 MQ-8B,MQ-8C 能提供更远的航程、更持久的巡航能力及更大的载荷搭载量。

2019年,美国海军宣布MQ-8C"火力侦察兵"无人直升机形成初始作战能力,可部署至"濒海战斗舰"执行超视距目标侦察任务,提升"濒海战斗舰"态势感知和杀伤能力。图1-2所示为"火力侦察兵"无人直升机。

图1-2 "火力侦察兵"无人直升机

3.波音公司A160T"蜂鸟"无人直升机

波音公司的A160T"蜂鸟"无人直升机(见图1-3)是美军目前唯一全新研制的大型无人直升机,是由美国五角大楼下属的国防高级研究计划局与波音公司合作开发的无铰链刚性旋翼概念机,其目标是生产一种航程超过2 500 n mile(1 n mile=1 852 m),持续飞行40 h以上并能携带300 lb(1 lb≈0.454 kg)空对地导弹的无人驾驶直升机。其初样机A160于2002年首飞成功。该无人直升机最为突出的特点是:采用了"最优旋翼转速"(ORS)技术,飞控系统可以根据实际飞行状态的变化进行最优旋翼转速控制,调整直升机功耗,由此来大幅增加续航时间。试验表明,其续航时间高达18 h以上。然而,自2002年以来,A160系列无人直升机在试验中发生了多起坠毁事故,因此,目前尚未有关于A160T无人直升机装备部队的消息。

图1-3 A160T"蜂鸟"无人直升机

4. 有人/无人可选模式直升机

在现有成熟的有人驾驶直升机平台的基础上进行无人化改造,开发出一款可选有人或无人驾驶模式的直升机。该模式下,直升机既能在民航限制空域由驾驶员飞行执行任务,又能依靠机载传感器系统实现无人驾驶飞行。

2003年,波音公司以 MD-530F 有人直升机为原型机研制了 AH-6M 无人直升机(绰号为"无人小鸟",见图1-4),使其能够以"可选驾驶模式"工作,其改进涉及安装1套自动驾驶仪组件。该机型于2004年实现首飞,可用于多种任务,包括再补给任务和伤亡人员撤离任务,可携带 136 kg 的任务载荷。2014年,AH-6I 攻击型无人直升机实现首飞。

图1-4 "无人小鸟"无人直升机

K-MAX 直升机(见图1-5)采用交叉对转的两副双桨叶旋翼,无尾桨,尾翼位于机身中部,带有端板及固定的前三点起落架,配置1台功率为 1 007 kW 的霍尼韦尔国际公司研制的 T53-17A-1 涡轮发动机。执行补给任务时,任务载荷包括弹药、食品等,并配有专门设计的多挂钩传送带。

图1-5 K-MAX 直升机

2007 年,洛克希德·马丁公司与卡曼航宇公司合作,以有人驾驶的 K - MAX 直升机为基础,改进而成了一种可自主飞行、有人/无人模式直升机,主要用于战场环境下的军用货物补给和化学、生物、辐射等环境下的民用作业。2008 年,第 1 架原型机完成生产,并开始进行潜在的军事货物再补给应用验证。2013 年 2 月,该无人机完成了 600 次共 700 h 的货物交付,累计交付货物 908 000 kg。

2010 年初,西科斯基公司启动将原有的"黑鹰"直升机(见图 1 - 6)改装为可选有人/无人模式的大型无人直升机的项目,并且于 2014 年 4 月在西科斯基公司试飞中心完成了首飞。

图 1 - 6 "黑鹰"直升机

1.2.2 国内无人直升机系统的发展历程

国内对无人直升机系统的研究起步较晚,1995 年以来,专业高校开始进行无人直升机系统的研究,并取得了一定的成果。将无人直升机技术推进到系统工程应用的,要属北京中航智科技有限公司、中航工业直升机设计研究所、南京模拟技术研究所(原总参 60 所)及其他一些高校和民营企业的产品,但是形成技术成果也已经到了 21 世纪。

1. 北京中航智科技有限公司无人直升机

(1)TD220 无人直升机(见图 1 - 7)。北京中航智科技有限公司自主研制的 TD220 电控共轴无人直升机于 2012 年首飞成功。北京中航智作为一家民营企业装备研制总体单位,其 TD220 无人直升机主要应用于升空测试、警用巡逻、灾情评估、电力巡线、管线及河道巡查、航空物探、航空测绘、雷区探测、通信中继、情报侦察、航拍航摄、环境监测、海关缉私、反恐、察打一体、战场侦察等领域。TD220 无人直升机作为升空平台,具有自主垂直起降、程控定点悬停、自主飞行、自主返航、应急自主返航、任务实时规划等功能,是目前国内领先的一款载重大、航时长、升限高、尺寸小、环境适应能力强的小型无人直升机。

图 1-7 TD220 无人直升机

(2)TD5 无人直升机(见图 1-8)。TD5 无人直升机是中航智按照军用标准研制的一款高性价比小型无人直升机平台,具有较高的可靠性,可根据军用和民用需求搭载不同的任务载荷,执行多样化空中作业任务。TD5 无人直升机也是目前国内性价比最高的小型无人直升机平台,在同质量级别和载荷任务能力相当的无人直升机中,其采购价和维护使用成本最低。

图 1-8 TD5 无人直升机

TD5 无人直升机采用共轴双旋翼构型,具有机身尺寸小、使用机动灵活、可垂直起降和定点悬停、飞行速度快、抗风能力强、对起降场地要求较低且无尾桨失效风险等特点。TD5 无人直升机采用专用航空发动机、钛合金机体结构、碳纤维复合材料旋翼及机壳,具备卓越的高温环境适应能力和防雨性能;采用电磁兼容一体化飞行控制及航电系统,具备在城市复杂电磁环境下安全作业的能力,其主要指标如表 1-1 所示。

表 1 - 1　TD5 无人直升机主要指标

技术参数	技术指标
旋翼直径/m	4.6
机体尺寸(长×宽×高)/m	2.4×1.1×1.8
最大起飞重量/kg	280
最大有效载荷/kg	40
最大起降高度/m	1 500
最大平飞速度/(km·h⁻¹)	140
巡航速度/(km·h⁻¹)	100
续航时间/h	2
实用升限/m	3 200

（3）TD450 无人直升机。TD450 无人直升机是针对高原需求,沿用成熟技术、平台及系统,针对发动机及飞控软件等进行技术改进,形成高原作战能力,以及符合民用中高风险无人直升机系统适航标准的一款无人直升机。

TD450 无人直升机采用涡轮增压活塞发动机,动力强劲、寿命长、高空特性好;采用第四代无轴承旋翼桨毂,结合电控分控式旋翼控制技术,简化了操纵机构,降低了质量。TD450 无人直升机可应用于国防、海事巡逻、缉私、消防、电力巡检、航空测绘、地质勘探、农业植保等众多领域。

2. 中航工业直升机设计研究所无人直升机

（1）AV200 无人直升机(见图 1 - 9)。AV200 无人直升机为 200 kg 级无人直升机,于 2007 年首飞,可在起飞点半径 100 km 范围内飞行,执行实时空中侦察、监视和定位等各项任务,飞行参数和任务信息可以实时传输到地面站。

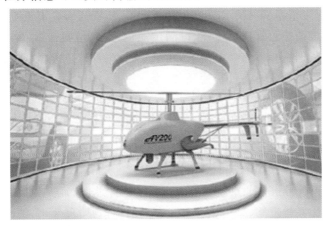

图 1 - 9　AV200 无人直升机

（2）AV500 系列无人直升机。AV500 无人直升机（见图 1-10）为 500 kg 级无人直升机，于 2015 年首飞，可在起飞点半径 200 km 范围内飞行，可连续飞行 6 h，各军兵种均可用其对地面目标进行昼夜侦察、目标指示与定位、毁伤评估、雷场探测、伪装评估、核生化采样等任务，它也可应用于反恐防暴、缉私缉毒、警务执法、公安边防巡检、海事监控、交通疏导、空中指挥、农林作业、大气监测、森林防火、电力巡线、灾情评估等准军用及民用领域。

图 1-10   AV500 无人直升机

AV500 系列无人直升机是中航工业直升机设计研究所目前的主打产品，最大起飞重量为 500 kg。2016 年，最新版 AV500W 原型机在珠海航展上首次公开亮相；2017 年，该研究所在直升机博览会上正式推出了旋翼、动力、飞控均得到优化的 AV500W 无人直升机。目前，该型无人直升机已经完成了不同环境条件下的飞行测试及挂弹飞行和打靶试验。

3. 南京模拟技术研究所（原总参 60 所）无人直升机

Z-5 无人直升机是一款自主研制的军民两用无人直升机，是南京模拟技术研究所的主打产品。该型无人直升机实现了三维程控、自主起降、定点悬停、在线任务规划和多机编队飞行等功能，最大起飞重量为 450 kg，最大任务载荷为 80 kg，具有续航时间久、飞行升限高、巡航速度大、任务荷载大等优良性能，可满足通信中继、情报侦察、测绘导航、目标指示、炮兵校射和空地对抗训练等军事任务需求，在地质勘查、森林防火、农业病虫害防治、电力架线巡线、危险空域采样、环境监测、交通管制、航拍航摄等民用领域具有极高的应用推广价值。

除 Z-5 无人直升机以外，该研究所无人直升机技术发展目前已取得了一些技术突破，启动了最大起飞重量为 1 700 kg 的 Z-6B/H 无人直升机（见图 1-11）的研制。

4. 北京航空航天大学无人直升机

M22"海鸥"无人直升机是北京航空航天大学（简称"北航"）研制的多用途小型无人直升机。"海鸥"的布局为共轴反桨，采用该种形式布局的优点是：尺寸小，结构紧凑，可在较小的陆地和甲板上起飞和降落，陆地和海上运载方便。该机机体为轴对称椭球体，无尾翼，机上有两组转向相反的旋翼，产生的扭矩相互平衡；飞行中气流对称，悬停和中速飞行效率高，易于操纵,不存在来自尾桨的故障。

图1-11 Z-6B/H无人直升机

5.南京航空航天大学无人直升机

"翔鸟"无人直升机是典型的尾桨式直升机,需要靠尾杆一端安装的小旋翼旋转所产生的力作用于尾杆上的力矩来抵消主旋翼的反扭力矩,这一点明显区别于以北航的"海鸥"为代表的共轴式直升机。"翔鸟"无人直升机机体结构采用铝合金金属骨架和玻璃钢蜂窝夹层蒙皮,旋翼用先进的复合材料制造;动力装置采用双缸二冲程水冷活塞式发动机;飞行控制系统采用全数字模式,具有飞行姿态控制及飞行模态切换等功能;无线电测控、定位系统含有遥控指令和遥测通道,用于无人机的导引,并能将无人机的工作状态和空中飞行信息实时传送到地面。

6.其他民营企业产品

近几年,在国内无人直升机研发中,载荷能力相对较大的产品有潍坊天翔航空工业有限公司、航空工业西安飞行自动控制研究所、中国电子科技集团公司第十研究所等联合研制的V750无人直升机,北京华翼星空科技有限公司研发的赛鹰SY450H无人直升机,中国科学院沈阳自动化研究所研发的翔鹰-200无人直升机,等等。

1.3 无人直升机系统的组成

无人直升机无法独立完成任务,需要有控制、任务等系统的支持。无人直升机系统一般由以下部分组成:无人直升机平台、测控与信息传输系统、任务载荷、地面控制站、地面保障与维修设备。

无人直升机平台包括旋翼、尾桨、机体、操纵装置、动力与传动装置、飞行控制与管理设备、导航设备、航空电气设备等。无人直升机是执行任务的载体,其功能是携带任务载荷飞行到目标区完成任务。

测控与信息传输系统包括无线电遥控、无线电遥测、无线电定位、信息传输等设备。

任务载荷包括侦察、校射、通信/数据中继、靶标、电子对抗、核生化探测、攻击、图像采集、喷洒等设备或装置,其功能是完成侦察、校射、电子对抗、通信中继等任务。

地面控制站又称指挥与控制系统,包括飞行操纵与管理、综合显示、任务规划、情报处理与通信等设备,其功能是制订作战计划,加载任务数据,对无人机、任务载荷的状态进行监视与操纵控制,记录飞行参数情报数据。

地面保障与维修设备包括基层、基地各类保障与维修设备,其功能是完成无人直升机系统的日常维护、状态测试和维修等任务。

无人直升机系统的基本组成包括两大部分:第一部分是无人直升机的自身,第二部分是兼具指挥控制、任务载荷控制、数据链路、保障与维修等功能的地面部分。无人直升机地面系统是无人直升机系统的重要组成部分,主要功能是监测和控制无人机的飞行过程、飞行航迹、有效载荷、通信链路等,并对一些故障予以及时警报并采取相应的诊断处理措施,同时,实现无人直升机的日常维护及航前、航后详细状态检测和外场故障隔离等功能。

典型的无人机系统组成如图1-12所示。地面系统中的操控员通过通信系统的上行链路向无人机发布"命令",控制飞行航路或更新预规划的飞行过程,并获得无人机携带的各种任务载荷的数据、各子系统的状态、飞行高度、空速和相对位置等。无人机的发射和接收可由主控站或通过附属卫星控制站进行控制,卫星地面站通过无线电或电缆与控制站进行数据通信,与有人机之间有直接的无线电链路通信;控制站通常装有通信系统,还与其他外部系统进行通信,包括获取大气数据、与网络中其他系统交互信息、从上级接受任务、向上级或别的机关报告信息。

无人直升机地面系统通常具有以下几个典型的功能。

(1)数据链通信。数据链是无人直升机系统的"神经链路",用于指挥、控制和分发无人直升机收集的信息。无人直升机地面系统通过无线通信设备建立无人直升机和地面控制人员或信息中心的纽带,下传无人直升机的遥测信息,上传飞行航迹、任务等指令。

(2)指挥与控制。无人直升机地面系统具备对无人直升机飞行轨迹的控制和管理、飞行状况的监测、任务规划、有效载荷的遥控以及攻击目标的辅助决策等功能。无人直升机地面系统通过数据链获取无人直升机状态信息后,将这些数据解算后进行显示。地面工作人员根据显示的数据,判断无人直升机的状态,并通过数据链将控制指令传输到无人直升机,对无人直升机进行控制。

(3)情报分发。情报分发功能包括侦察信息数据库存储、侦察信息编目索引、目标定位与校射等。无人直升机地面系统将情报信息生成后上报至上级指挥系统,并接收上级指挥系统下达的情报指令,转发给无人直升机。

(4)运输与保障。运输与保障功能包括无人直升机的运载和回收功能,无人直升机载卸、燃油加卸功能,无人直升机航前、航后状态检测功能,无人直升机系统的日常维护保养、检测及维修保障功能。

无人直升机地面系统按照功能可划分为地面控制系统、运输保障系统、辅助系统和模拟训练系统。

(1)地面控制系统。地面控制系统包括飞行监控席、任务监控席、情报处理席和链路设备,主要实现对无人直升机的控制与状态显示、侦察图像数据和机载任务设备状态数据的显示、机载任务设备的控制、侦察情报的生成、毁伤评估等情报信息的接收和转发等功能。

（2）运输保障系统。运输保障系统主要由底盘、方舱、加注设备和随车吊等设备组成，用于运输、储存无人直升机及其他保障设备，实现无人直升机的转运与回收、状态检查、维护和保养等功能，为无人直升机提供保障服务。

（3）辅助系统。辅助系统主要由供配电设备、无线通信设备、定位设备和气象设备等组成，用于支持无人直升机地面控制系统的运行。

（4）模拟训练系统。模拟训练系统主要用于无人直升机操控人员的上岗培训和日常训练，对无人直升机系统性能的有效发挥起着重要作用。

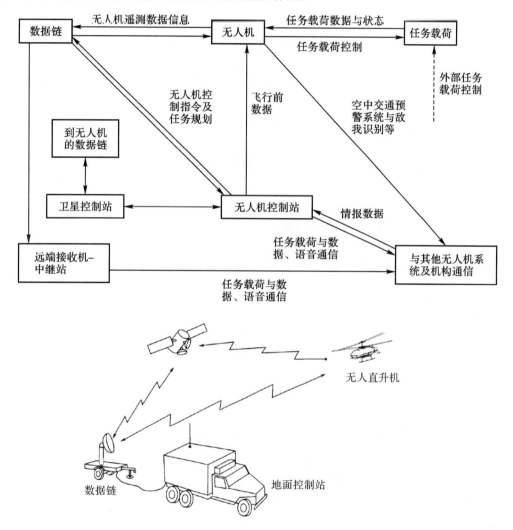

图1-12　典型无人机系统组成

无人直升机系统组成如图1-13所示。以目前最为成熟的无人直升机系统为例，火力侦察兵无人直升机系统由飞行器和任务载荷、数据链系统、遥控数据终端、地面控制站和地面维护设备等组成。每个地面控制站可同时控制3架飞行器，可以用"悍马"高机动性多用途轮式车运输。无人直升机平台采用单旋翼带尾桨的总体布局，尾桨布置在机尾左侧，旋翼有 4 片桨叶,尾桨有 2 片桨叶。旋翼桨叶可以折叠,以便于存储和运输。配备 1 台 250 - C20W 涡轮发动机。机上装载惯性导航系统/全球定位系统,地面控制站采用美国海军的 S - 280 方舱或美国海军陆战队的高机动性多用途轮式车上安装的 S - 788 方舱,集成雷神公司的战术控制系统(TCS)和 L - 3 通信公司的战术通用数据链(TCDL),采用 AN/ARC - 210 电台以及 AN/UPN - 51 无人机通用自动回收系统(UCARS)和精确着陆系统,如图 1 - 14 所示。

图 1 - 13   无人直升机系统组成

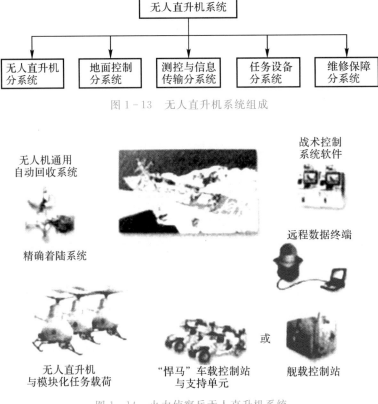

图 1 - 14   火力侦察兵无人直升机系统

火力侦察兵无人直升机系统集成的典型任务载荷包括以色列宇航工业公司研制的 U - MOSP 光电/红外传感器及转塔系统。该系统包括可变焦电视摄像机、红外摄像机和激光指示器/测距仪,其中,电视摄像机和红外摄像机都有 3 种视场。

S - 100 无人直升机(见图 1 - 15)是奥地利西贝尔公司研制的一种单发单旋翼轻型战术无人直升机,可执行对地监视与侦察、海上监视、炮兵支援、边境巡逻等多种任务。每套 S - 100 无人直升机系统包括 2 架 S - 100 无人直升机平台、机载任务载荷、地面指挥控制站和地面保障设备,整套系统可由 2 辆 4×4 轻型战术车运输。

S - 100 无人直升机的机体是单旋翼带尾桨的常规直升机设计布局,尾桨置于机尾左侧,旋翼和尾桨均有 2 片桨叶,机身呈流线型,机尾上部装有 T 形尾翼,底部装有 1 个兼作后部起落架支撑点的垂直安定面。机身为由碳纤维复合材料制成的硬壳式结构,采用模块化设计,装有固定式后三点起落架,其中主起落架实际是在前机身两侧下部向侧下方伸出的支撑结构。动力装置为 1 台 AE50R 转子发动机,功率为 41.0 kW(55 hp),转速为 7 100 r/min。燃料为 100LL 航空汽油,总容量为 57 L。地面控制站的规模是可变的,可以是 2 台便携式终端(其中 1 台用于任务规划和飞行控制,另 1 台用于任务载荷控制和图像/视频接收及处理),也可以是更大的综合指挥控制站。任务规划工作站把直升机的位置和状态信息实时显示在 1 台界面友好的液晶显示器中,同时显示的还有综合检查清单和故障信息。任务载荷控制工作站允许操作员控制任务载荷,观看、捕获和记录视频信息,以及访问任务规划信息。

图 1-15　S-100 无人直升机

　　S-100 无人直升机机身内可安装 1 个或 2 个载荷舱和 1 个辅助电子设备舱,还可在机身侧面的承力点安装通信设备。主载荷舱位于旋翼轴的正下方,能够装载重达 50 kg 的载荷;次载荷舱位于机头,能够装载 10 kg 的载荷。辅助电子设备舱用来装载敌我识别装置、空中交通警戒与防撞系统等附加设备。机身侧面的承力点能够搭载 10 kg 的载荷。所有的任务载荷均设计为可更换模块,可以根据用户需要进行更改或改进。标准配置中的任务传感器是 1 套 POP200 光电/红外传感器系统,该系统由以色列航宇工业公司塔曼分部提供,安装在陀螺稳定的万向节上,传感器包括 1 台采用锑化铟焦平面阵列的红外成像仪和 1 台电荷耦合器件彩色电视摄像机。用户也可选择采用西贝尔电子设备公司的电子稳定式观察装置载荷(ESOP),其标准组成包括 1 台可见光摄像机和 1 台红外摄像机,还可选装 1 台激光测距仪,都安装在 1 个电子稳定的平移/倾斜万向节上。其他可选装的光电/红外传感器及转塔系统还包括以色列航宇工业公司的 POP300 和泰雷兹集团的"敏捷 2"等。其他任务传感器载荷还包括激光雷达、多光谱成像仪、地表穿透雷达、合成孔径雷达等。

无人机按用途分类,可分为军用无人机和民用无人机。军用无人机可分为侦察无人机、电子对抗无人机、通信中继无人机、无人战斗机以及靶机等;民用无人机可分为巡查/监视无人机、农用无人机、气象无人机、勘探无人机以及测绘无人机等。

2.1　军 用 领 域

在军用领域,无人直升机系统应用较多的是中、高空长航时的无人直升机系统,可搭载光电设备、雷达设备、基站、电台、天线等载荷长时间悬停于空中执行各类任务,用于通信中继、覆盖和定点侦察等。

无人直升机在陆基应用广泛,应用范围包括侦察监视、通信中继、弹着点定位、激光目标指引、核生化污染探测、与其他空中平台协同作战、电子干扰及对敌防空压制等。

2.1.1　战场侦察监视

不论是军用还是民用无人机,无人机系统的核心任务都是侦察(搜索)监视。侦察是通过视觉或其他探测手段,获取某点已经存在的或正在发生的目标的相关情报信息的行动。监视是通过视觉的、听觉的、电子的、图像的或其他方式对目标进行系统的观察。无人侦察机大多体积小巧,活动灵活,不易被人发现,机上装备先进的摄影、摄像设备,可以完成各种侦察任务。例如,图 2-1 所示的美国 RQ-8 无人机就是满足上述特征的一款火力侦察垂直起落无人机。

图 2-1　美国 RQ-8 无人机

侦察是无人直升机应用得最广泛且最成熟的领域。无人直升机同时/分别挂载光电设备、高速相机、红外与雷达传感器等成像设备,可对地面进行长时间、多角度、大范围的监控,解决了传统的靠先遣小分队来侦察造成的机动性差、侦察范围小、视野受限等问题。无人直升机挂载光电侦察设备,可以在同一时间获得目标从紫外、可见光到红外等不同谱段的图像信息,因而能更充分地反映出目标的反射和辐射特性。由于无人直升机是高空监测,观察角度多样,在地面上看不见或看不清的情况,从空中看则是一目了然,因此能获取目标区域更为全面的图像信息。此外,无人直升机采用垂直起降的方式,隐蔽性较好,更适用于深入或靠近战区的侦察任务。

　　图 2-2 是加拿大飞机公司研制的垂直起降多用途无人机,可用于多兵种的进距和短距军事侦察、火力支援、实时监视和靶标训练,以及多种民用任务。

图 2-2　加拿大 CL-227“哨兵”无人机

2.1.2　校射

　　传统的炮兵射击方式都是通过预测目标的方位射击,受到风速、风向、火力校准等因素的影响较大,导致射击的精准度不高,而引入人员实时观察的方式,虽能提高命中率,但往往要承担巨大的人员伤亡风险。利用无人直升机搭载侦察载荷,可以快速、准确地获得战地图像,根据载荷下视角、无人直升机高度等信息,借助地面控制系统,可以精准地计算出方位角、俯仰角的校准数据,反馈给火力校准单元后,实现精准定位弹着点。

2.1.3　通信中继

　　目前,无人机之间、无人机与地面站之间的中继平台主要有两种:卫星中继和无人机中继。无人机具有灵活机动、成本低、维修方便等特点,在军用和民用领域都有着重要的应用。在实际战场中,无人机常常作为编队执行任务或者与其他装备联合执行任务,中继无人机有可能变为任务无人机,任务无人机也有可能变为中继无人机。

普通通信手段很多时候容易受地形影响或被周围的山体、树木、建筑物等物体遮挡,从而影响战场态势通信广播,存在难以实现隐蔽、快速地指挥通信的问题。无人直升机中继通信是一种有效的空中平台通信方式。无人直升机可自由搭载自组网电台、天线等多种通信载荷,形成多种灵活的通信应用配置方式,可在核心区域快速开通通信网络,在后方指挥中心、现场指挥部与前方任务队伍间形成超短波通信和宽带视频通信的大区域覆盖通信网络,可提供语音、视频等通信保障服务,解决山区机动的问题。无人直升机系统可以通过空地中继、空空中继的形式,绕开障碍物,构成通信链路,具有高机动性、快速部署、使用简单、支持分布式组网通信等特点。无人直升机空地中继,主要用于为不在视距通信范围内的两方提供通信链接。无人直升机空空中继,主要为了增大无人直升机的任务半径,并使地面控制站免遭攻击。在地面控制站和任务机之间增加1架中继无人直升机,可增大任务机的任务半径和提高地面控制站的安全性。

2.1.4 靶标

为了训练歼击机驾驶员、高射炮兵、雷达操纵员、导弹操纵员,以及鉴定各种导弹的性能,就需要有一个模拟某些性能的靶机。最有名的靶机系列是美国瑞安航空公司生产的"火蜂"系列。无人直升机可以作为仿直升机靶标开展军事训练和导弹比测等任务。

2.1.5 探测

有些科学试验对人体的危害和空域的污染是相当严重的,如核爆炸和化学战地等。为了分析研究试验效果所进行的空气取样或对现场的观测,使用无人机完成这项工作最为适宜。

2.1.6 察打一体

无人机可外挂武器装备,由人遥控发射,发射后立即返航,这样既可执行高度危险的攻击任务,又可减少人员伤亡。随着无人机技术的发展,无人机在多种领域的应用也逐步由单一到多样化,由简单到复杂化。现今无人机越来越普及,且察打一体无人机军用功能强大,但目前只有少数几个国家才能够研制,而我国就是其中之一。

随着现代战争进一步朝着更智能的方向发展,军事需求也会进一步演进,军用察打一体无人机的侦察和毁伤观测能力就要更为强大。就目前而言,察打一体无人机的操作方式主要有两类:第一类是全自动搜寻的,对标定的坐标进行自动打击;第二类则是使用类似有人攻击的操纵方式对目标进行近距离打击。相对于第二类的手动操作,全自动搜寻方式对操作手要求没有那么高,且操作更便捷。

全自动察打一体无人机具备无人机检测能力,使用窄带小功率实施精准打击和宽频大功率干扰相结合的打击方式,可以确保打击无漏洞,也可以全方位防御、接管多架无人机。全自动察打一体无人机由于没有飞行员,故需要在飞行前就规划设定好任务和航迹,在工作时能够全自动实时无源、无死角、零干扰侦测、超前预警,在防御区域内,系统24 h自动侦测无人机信号,一旦发现"黑飞"无人机,则自动利用无线电窄带小功率打击技术,自动对实时目标进行精准的打击,驱离或接管无人机,减轻了操作人员的负担,可达到高效、快速的打击效果。与有人机相比,无人机机体小、机动灵活、可以区分敌我,不用担心人员伤亡,所以一直是获取战场情报的重要力量。

2.1.7　电子对抗

在现代战争中,电子对抗是一种十分重要的作战手段。无人机利用其自身体积小、隐蔽性好的优势可以进行以下电子对抗:

(1)装载主动式电子干扰机,对敌方雷达实施主动式电子干扰。

(2)在空中抛撒金属箔条等干扰物,为己方作战飞机铺设安全空中走廊。

(3)向敌方阵地投放电声窃听器,收集电子情报或音响情报。

(4)作小型伴飞无人机,吸引火力,辅助作战飞机突防。

(5)作诱饵机,诱使敌方发射地空导弹,诱骗消耗敌防空力量。

2.2　民用及其他领域应用

近年来,随着无人直升机技术的飞速发展,其研制、成本、使用等要求不断降低,民用领域对无人机的需求也日趋旺盛。以无人直升机为平台,通过装载各种民用任务载荷,可执行环境监测、通信中继、地质勘探、森林防火、电力巡线、航空拍摄、遥感测绘等任务。

民用无人机,按用途可分为面向工农业的工业级无人机和面向民众的消费级无人机两大类。工业级无人机以“无人机+行业应用”为产品方向,如航空摄影、植保、安防等,具有产品种类多样化、应用范围多元化等特征。相关数据显示,目前我国工业级无人机在民用无人机中的占比达 54.3%。

2.2.1　农业植保

农业植保无人机是现阶段我国乃至全球用量最多的无人机机种。我国作为农业大国,18 亿亩(1 亩≈666.7 m²)的基本农田需要大量的农业植保作业,如喷洒农药等。美国正在进行有人植保机向无人植保机的过渡,日本拥有植保无人直升机的先进技术,无人直升机应用较为广泛,如图 2-3 所示的雅马哈公司的 R-MAX 无人直升机。继美国、日本之后,2019 年,农业植保无人机逐渐成为我国农业行业的新宠。据农业部统计,截至 2019 年 12 月 31 日,我国市场上 2/3 的无人机公司为植保无人机生产厂家。植保无人机大多采用多旋翼无人机或无人直升机,随着 5G 时代的到来,植保无人直升机可以结合新的 5G 通信技术进行 5G 网联植保无人机的应用。植保无人机正逐渐成为不可或缺的农机具,随着国家对于植保补贴试点的深入、对于行业标准规范的不断完善,植保无人机的应用前景十分广阔。

植保无人直升机属于飞行器,其喷嘴与农作物相对高度较高,喷洒的效果受风力、风速的影响较大,需要建立作业规范和作业安全的标准并对相关人员进行培训,以确保喷洒的均匀性和安全性。从发展趋势看,行业主管部门应加快植保无人直升机驾驶员培训流程和资质认定,强化知识培训,提升驾驶员素质,进一步提升植保无人直升机的智能化水平,降低操控难度,降低成本。同时,应进行作业质量和防效研究,加快低容量液剂的检定登记流程,加强飞防专用药剂的研发,从而提高植保无人机的安全性和高效性。

图 2-3　雅马哈 R-MAX 无人直升机

2.2.2　行业巡检

行业巡检是无人直升机的重要应用,覆盖了电力、能源环保等领域。无人直升机可以进行长航程的普查,也可以进行精细化作业和巡检。

1.电力巡检

无人机巡检作为一种使用可见光及红外热像仪等巡检设备对输电线路进行巡视检查的技术,能够检查高效输电线是否有接触不良、漏电、过热或存在树障、大型机械施工等外力破坏隐患,具有迅速快捷、工作效率高、不受地域影响、巡检质量高、安全性高等优点。据统计,运用无人机进行缺陷识别,杆塔瓶口及以上位置等人工难以发现的缺陷占比 78.5%,设备本体巡检效率和质量显著提高,并且极大降低了劳动强度,提高了巡检效率,确保了对电力设备状态的运行维护能力。目前,国家电网公司已将无人机巡检作业纳入输电线路精益化考核指标中,系统各单位共配有各类型无人机超过 2 000 架,无人机累计巡检超过 21 万基,累计发现缺陷超过 5 万余处。无人直升机适用于中等距离的多任务精细化巡检或短距离的多方位精细化巡检或故障巡检,直升机/多旋翼无人机巡检是电力巡检的主要模式。电力系统自开展"机巡+人巡"智能巡检工作以来,机巡规模持续增长,已全面实现"机巡为主、人巡为辅"的协同巡检模式。

2.环境保护

2013 年以来,环保部门开始使用无人机对钢铁、焦化、电力等重点企业的排污脱硫设施运行等情况进行直接航拍检查。无人机监测将会成为我国监测环境污染的一个技术利器,并逐步实现无人机环保执法的常态化。

在环保领域,无人机可以提供 3 种解决方案:①无人机+可见光相机;②无人机+红外成像仪;③无人机+气体传感器。其中,可见光方案最常见,我国多地区环保部门已经将无人机投入实战,通过可见光相机获取视频和高精度照片,达到直观监控违法排污、获取直观证据的目的。搭载红外成像仪可以便于无人机在夜间条件下进行监测,热像仪的热分布可视化、测温等特性能够较有效地发现夜间生产的企业,可作为遏制夜间偷排的一种手段。

"无人机＋气体传感器"即通过无人机搭载多种因子(如 voes、$PM_{2.5}$)的高精度气体监测传感器或者气体采集装置,在测区进行大范围的巡查,以寻找污染特征因子的监测方式。随着技术的进步,便携式传感器精度已经达到可以接受的程度,尤其是基于光离子化检测器(PID)方法的传感器,其检出限、精度甚至可达到 10^{-9} 级别,已经足够满足测量大气污染物浓度的要求,但由于无人直升机飞行于上空,大气环流复杂,还存在自身气流扰动等的影响,污染物扩散模型难以建立,所以目前无人直升机检测所获得的数据只能够作为参考佐证或科研数据,并不能直接用于执法,还需要与常规监测站、大气环境等多平台数据比对、校准。为了更有效的应用,应推动相关检测方法的标准化。

2.2.3　应急救援

当发生自然灾害或安全生产事故时,往往伴随着交通阻断,人员及车辆难以第一时间到达现场。针对群众求助、山林火情、湖面救助等警情,可通过无人机高空作业实时传输图像,对需要救助人员第一时间报警定位,并投递相关救生设备。

在抗灾救援及处置突发事件的各项措施中,航空救援具有快速、高效、受地理空间限制较少的优势,已成为世界许多国家普遍采用的有效救援手段,并形成了较为完整的空中救援体系,而无人直升机依靠其独有的飞行特点日益成为防灾减灾应急救援重要设备。随着国务院新设立的应急管理部的成立,整合优化应急力量和资源,应对多发的突发性公共事件,无人直升机防灾减灾应急产业也将大有可为。

无人直升机具有成本低、灵活度高、机动性好、对环境要求低等特点,在复杂气候地理环境下,无人直升机还可以有效地规避救援人员伤亡等问题,非常适合在应急救援中打头阵,快速深入灾害现场。与此同时,依托先进的遥感、通信等技术,无人机参与的航空应急救援还可以实时检测灾情并将数据传回,日益成为救援不可或缺的重要组成部分,并显示出在应急救援市场方面的巨大潜力和产品需求。

灾害发生后,可以利用无人直升机的高空优势,对现场的灾情开展侦察工作。在空中侦察的过程中,无人机不会受到现场复杂情况的影响,可以更加灵活机动地进行灾害侦察。尤其是对于危险性相对较高的洪水、地震灾区进行侦察时,救援部门的侦察小组无法第一时间从地面进行有效且全面的侦察工作,无法实现对人员伤亡的掌控,而无人直升机设备可迅速地从空中展开调查,在保证工作内容正常开展的过程中,通过影像数据的传输,实现对灾情的掌握,从而更有针对性地采取相应救援措施。同时,无人机设备受环境的影响程度较轻,不会产生视觉障碍,在易燃、高爆、有毒气体、核污染等事故现场侦测过程中,无人直升机具有明显的安全性优势,它可以对关键的灾情点、事故原因进行侦察,提高了应急救援工作的安全水平。

在无人直升机的应用中,不仅局限于灾情的侦察工作内容,对现场救援情况的监控与追踪指导,也是其应急救援应用的重要内容。当突发性灾害发生时,无人机能够快速抵达灾害现场,通过无线传输方式,将现场音/视频及时传送到指挥中心,供指挥人员进行分析和决策,使得指挥部获取灾害现场情报的能力大大增强。

在灾害性事故中,为了更加有效地提升现场处理的方法与策略,可以在无人机的辅助作用下,精确掌握灾害的实时变化情况,对救援人员正在进行的施救操作进行跟踪指导,并且在事故现场中,对受困人员的情况有所掌握,在集成影像的作用下,使指挥人员对救灾活动一目了然,起到辅助决策的作用。在火灾及化学品事故灾害处置后,为防止复燃等情况的发生,运用无人直升机进行空中巡逻,在发现情况时可第一时间将可能的复燃扼杀于萌芽状态。

无人直升机作为先进的智能化飞行平台,在实际的应用过程中,不仅可以直接实现物资投送,还可以为其配备相应的材料与装备,并在救援工作的复杂环境下,提供必要的辅助,帮助现场人员进行救援操作。

1. 消防救援

在消防救援工作中,无人机可以直接外挂灭火弹,直接参与到灭火工作中,同时,可以在无人机上外加扩音设备,直接对现场进行喊话,向现场群众及时传递相关信息,也可以搭载照明设备以及生命探测仪,帮助搜寻现场生命迹象,使得应急救援更加多元化。

例如,在无人直升机的制空作用帮助下,可以将重要的相关救援设备在第一时间快速地带到灾害现场,同时,也可以通过携带设备,为受困人员进行线路的引导,制造出可靠、准确的逃生通道。无人直升机还可以与有人直升机开展协同配合,实现救灾减灾作用最大化。

2. 森林防火

林业面积广阔,目前开展林业资源监测、巡查工作人工成本高、效率低,且无法迅速掌握全局。森林火灾事故频发,受害森林面积极大,为扑救火灾耗费了大量人力、物力、财力,通过人工作业,无法有效预防森林火灾,实时监测火灾形势。

森林消防无人机(见图 2-4)作为新型森林火灾遥感监测手段,已被我国许多省、市(区)应用。《全国森林防火规划(2016—2025 年)》将无人机纳入了我国近 10 年森林防火建设体系中,无人机有望在森林防火领域得到大规模推广。

图 2-4　某型号消防无人机

利用无人直升机可以进行烟雾监测,通过搭载相应的传感器对所测区域的光线、温度、湿度等进行探测分析,确定烟雾状态和烟雾位置,及时将信息传回指挥中心,将火灾在初始阶段进行控制(见图 2-5);可以进行森林火势实时监测,包括着火面积、火线蔓延情况等;也可以作为中继平台,进行灾后评估及灾后森林信息及图像的采集。无人直升机在森林防火领域的应用包括:

(1)火灾前的可燃物预警、动态监测。无人直升机可监测森林中的可燃物状况,包括可燃物的类型、数量、湿度变化等。对可燃物进行预警和动态监测,匹配搭载温度传感器以获取林区的气象资料,监测林区的可疑火源等,这些信息有助于提高森林火险预测预报的准确性。

(2)火灾中的动态监测。无人直升机在实时林火监测中可及时监控火行为的发展(如大火种可能出现的特殊火行为),利用摄像系统(加装热传感器)跟踪、测量对流柱(大小、形状及温度的梯度变化等);测算飞火飞迁的距离、预防飞火的危害;在特殊地形(陡峭或盆状峡谷),可及时关注火旋风的形态、转速和运动轨迹;跟踪火爆的形成;测算高温热流的迁移;等。

(3)林火扑救和火灾后的损失坪估。无人直升机结合全球定位系统(GPS)和微波测距的森林着火点定位方法能帮助判断森林着火位置,便于决策和指挥扑救;能及时、动态监测火灾变化,结合现有植被图预测林火蔓延方向和强度,评估灭火力量和效果。

图 2-5　消防无人直升机灭火示意图

2.2.4　遥感测绘

无人机测绘,是通过无线电设备来控制飞行器快速获取信息的一种技术。无人机支持低空近地、多角度、高分辨观测,通过视频或图像的连续性观测要求,形成时间和空间重叠度高的序列图像,信息量丰富,特别适合对特定区域、重点目标的观测。

无人机测绘技术主要用于以下几方面。

1.基础测绘

无人机测绘可以作为传统测绘工具的补充手段,提高测绘工作的灵活性。2013 年 8 月—2016 年 11 月,我国开展了第一次全国地理国情普查,共有全国 400 多家乙级以上测绘资质单位、5万多名普查专业技术人员参与,普查对象为我国陆地国土范围内的地表自然和人文地理要素。此次普查采用覆盖全国优于 1 m 分辨率遥感影像,收集多行业专题数据,获取了由 10 个一级类、58 个二级类和 35 个三级类共 2.6 亿个图斑构成的全覆盖、无缝隙、高精度的海量地理国情数据,查清了我国海拔分级、坡度分级及地貌类型的面积构成和空间分布。在技术创新方面,此次普查采用了三维激光扫描车、无人机航拍、外业调查轨迹跟踪等新技术手段,配合卫星、大规模航空摄影、搜寻等方式,实现了空天地一体化影像的获取。在海南的测绘工作中,国家测绘地理信息局第四航测遥感院利用无人机对海南万宁、兴隆等变化较大的地区进行了航拍,航拍面积约 24 km²,获取 0.1 m 分辨率原始图片 2 860 张,并制作完成了 0.1 m 正摄影像拼接图。

2. 应急测绘保障

无人机机动、灵活、安全的特性让它在应急工作中有着传统测绘工具不能比拟的优势。新疆和田地区皮山县曾发生 6.5 级地震,自治区测绘地理信息局快速做出响应,利用无人机在黄金 72 h 内完成了灾区各类高分辨率正射影像图的获取,供现场指挥人员及市应急指挥部门使用。

3. 工程测绘

大部分工程领域都需要监测服务,如输电网、油气管道、铁路、水利工程等,然而一些工程涉及范围广且环境复杂,不适合人工作业,无人机提供的俯视角度,既能用于工程的选址、线路走向的规划,也能用于监测施工进程。

2.2.5 警用安防

警用安防严格来讲不属于民用范畴,但近年来,无人直升机在警务工作中得到了广泛的应用,有效解决了此前一些难以完成的任务,在反恐维稳、大型活动安保、群体性时间处置,以及交通管理、应急防控等多种任务中,发挥了良好的威慑力和应急机动作用。

通过搭载不同的任务模块,警用无人直升机主要应用场景包括以下几种。

1. 应急处突

当前,各类重大突发事件频发,对公安部门的应急处置能力提出了更高要求。在处置过程中,面对通信不畅、交通受阻等复杂条件,迅速、全面、准确地获取现场情况是进行分析研判及展开针对行动的前提。通过无人机空中监控,能够迅速开展大范围的现场观察,具有实时监控人员聚集、流向等方面的明显优势。同时,无人直升机通过挂载高空喊话器、催泪瓦斯发射器等装置,可对现场聚集人员进行有效处置。

2. 活动安保

利用警用无人机高空视野广、监控范围大、视角灵活多变的特点,可对大型活动现场人员聚集区域进行监管。同时,通过人脸识别、自动跟踪等技术,可实现现场的有效管控。

3. 侦察搜捕

无人直升机在空中的监视范围比地面更加宽阔,有利于扩展巡逻的覆盖范围。在现有巡逻模式下,无人机巡逻将成为一种重要执法模式。利用无人机可以事先明确地形,然后对各关键部位部署警力,便于更好地抓捕违法犯罪分子。对于逃窜藏匿的不法人员,无人机也可以很快发现车辆和人员行踪,实现有效监控覆盖,即便在夜间,也可以通过热成像、照明等进行有效追捕。目前,新疆、江苏、湖南等地的公安部门已经将无人机应用于对当地恐怖分子、犯罪嫌疑人的搜捕工作中。

4. 交通管理

无人直升机可携带高清相机,对城市道路的整体态势进行及时了解,同时,在节假日期间,可用于高速道路上对占用应急车道等违法行为的抓拍。在发生重大事故时,无人机能够快速勘察交通事故现场,快速拍照和记录。民警通过回传信息能够在处理事故时进行准确判断,并对现场进行调度,快速解决道路拥堵,使道路恢复通畅。

第3章　无人直升机平台

3.1　概　　述

直升机是一种由一个或多个水平旋转的旋翼提供升力和推进力而进行飞行的航空器。直升机具有大多数固定翼航空器所不具备的垂直升降、悬停、小速度向前或向后飞行的特点。这些特点使得直升机在很多场合可以"大显身手"。直升机与固定翼飞机相比,其弱点是速度较低、耗油量较高、航程较短。

直升机的升力来自绕固定轴旋转的"旋翼"。旋翼不像固定翼那样依靠整个机体向前飞行来使机翼与空气产生相对运动,而是依靠自身旋转产生与空气的相对运动。但是,在旋翼提供升力的同时,直升机机身也会因反扭矩的作用而具有向反方向旋转的趋势。为了克服旋翼旋转产生的反作用扭矩,常见的做法是在机身尾部安装一个尾桨,产生抵消反向运动的力矩,人们将这种直升机称为单旋翼直升机(见图3-1);另外一种做法是采用旋翼之间反向旋转的方法来抵消反扭矩的作用,即双旋翼共轴式直升机。

图3-1　单旋翼无人直升机(S-100)

将直升机进行无人化设计的无人直升机最早出现于20世纪60年代,之后20多年没有大的发展。近十几年来,随着复合材料、动力系统、传感器、智能技术的飞速发展,无人直升机的发展突飞猛进。

无人直升机的研制途径主要有:一是有人直升机改为无人直升机,如MQ-8B、MQ-8C、K-MAX、"黑鹰"无人直升机等。此方法平台技术成熟、可靠,研制风险较小,研制进度快,研制费用低,直升机本身的固有问题已得到解决,直升机的飞行参数可通过飞行实测获得。在飞行控制系统设计时,所需的飞行模型也可以准确的提供。为了提高无人直升机执行任务的灵活性,还可以设置有人/无人模式,但是有人直升机一般比较大,所以小型无人直升机不能采用这种方法,需要在结构布局方面更多地考虑重心设计和结构设计。二是全新设计无人直升机,可按无人直升机要求自由地设计气动布局、结构配置,可以充分考虑现有的先进技术。全新研制的无人直升机一般比较先进,设计结构更加紧凑、外形气动性能更加优异、质量轻、有效载荷大,但是无人直升机平台本身存在的问题可能需要等待飞行控制系统安装后试验验证时才会发现,问题解决和飞行验证都有较大困难,所以这种方式具有研制风险高、周期长、费用多的劣势。

3.2　无人直升机的构造

传统的有人直升机的基本组成包括机体结构、动力装置、传动系统、燃油系统、主旋翼系统、内设和尾桨系统等,如图 3-2 所示。无人直升机平台即无人直升机本身,包括旋翼系统、飞行控制与导航系统、操纵系统、机体结构、传动系统、动力装置等。无人直升机平台仍然具有有人直升机的基本部分,但由于无人化,因此在机体结构设计时不需要考虑机组座舱的设计,也不需要考虑人机交互的相关仪表与显示界面,部分显示仪表在无人直升机系统的地面控制站中集成。

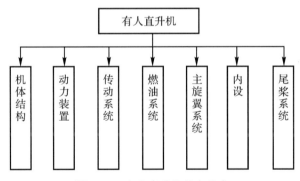

图 3-2　有人直升机基本组成

与固定翼无人机采用固定机翼产生升力不同,无人直升机由旋翼提供飞行所需的升力。旋翼由桨毂和数片桨叶构成,桨毂安装在旋翼轴上,形如细长机翼的桨叶则连在桨毂上。发动机驱动旋翼轴旋转,并由桨毂带动桨叶在空气中旋转从而产生向上的升力。由于无人直升机与传统有人直升机都是依靠旋翼产生的升力才能升空飞行,因此它们统称为旋翼飞行器。

直升机有多种布局,主要包括:①单旋翼直升机,由一副旋翼产生升力,用尾桨来平衡反作用力矩,典型的例子就是图 3-3 中的 S-100 单旋翼直升机。②双旋翼共轴式直升机,其两副旋翼沿同一立轴上下排列、反向旋转,特点是体积小、安全、机构复杂。③双旋翼纵列式直升机,其两旋翼沿纵轴前后排列、反向旋转,特点是机身长、传动及操纵系统复杂。④双旋翼横列式直升机,其两旋翼沿横轴左右排列、反向旋转,特点是前飞性能较好、构造复杂、尺寸大。

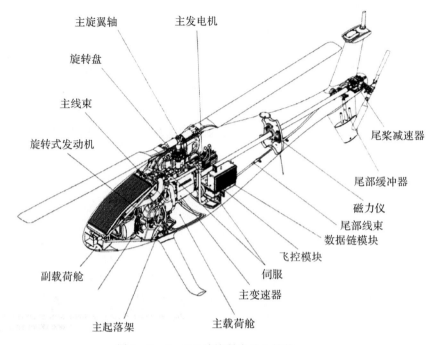

图 3 - 3   S - 100 单旋翼直升机结构

从 20 世纪 60 年代开始,由于军事上的需要,世界各国纷纷开始研制无人直升机,其中共轴直升机有加拿大的 CL227、德国的"Seamos"、美国的 QH - 50。俄罗斯卡莫夫设计局从 1945 年研制成功卡 - 8 共轴式直升机到 20 世纪 90 年代研制成功武装攻击直升机卡 - 50,发展了一系列双旋翼共轴式直升机。美国于 20 世纪 50 年代研制了 QH - 50 共轴式遥控直升机作为军用反潜的飞行平台,先后交付美国海军 700 多架。美国西科斯基公司在 20 世纪 70 年代发展了一种前行桨叶方案直升机,采用共轴式旋翼、刚性桨毂,上下旋翼的间距较小。

双旋翼共轴式直升机的主要特点是结构紧凑、外形尺寸小、反扭矩对称、悬停效果较好。其有两副旋翼产生升力,每副旋翼的直径可以缩短,机体部件可以紧凑地安排在直升机的重心处,所以飞行稳定性好。与单旋翼带尾桨直升机相比,其操纵性有明显加强。双旋翼共轴式无人直升机具有合理的功率消耗,其主要气动特点是具有较高的悬停效率,空气动力对称,具有较大的俯仰、横滚控制力矩。

3.3   旋　　翼

3.3.1   旋翼的基本结构和功能

1. 旋翼的基本结构

从总体结构上看,无人直升机与有人直升机一样,具有一个(单旋翼)或多个(多旋翼)转轴都近于铅直安装的旋转机翼(旋翼)。旋翼由数片桨叶及一个桨毂组成,桨毂用来连接旋转轴和桨叶。旋翼的桨叶在动力装置的驱动下高速旋转,产生向上的升力。旋翼的桨叶在升力作用下,绕桨毂水平向上挥舞,形成一个倒锥体,桨叶与桨毂旋转平面之间的夹角称为锥体角。如图 3-4 所示,锥体角的大小取决于桨叶升力及离心力的大小;桨叶升力越大,锥体角越大;桨叶转动的速度越快,产生的离心力越大,锥体角越小。

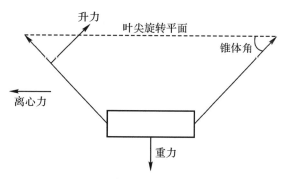

图 3-4　旋翼桨叶锥体角示意图

　　根据结构形式的不同,无人直升机旋翼可以分为铰接式、无铰式和无轴承式,其中铰接式又有全铰接、跷跷板、万向铰等多种形式(见图 3-5)。全铰接式是应用最为广泛的形式,全铰接式旋翼结构桨叶可以独立地做挥舞、周期变距、摆振 3 种运动。典型的铰接式结构由挥舞铰、变距铰和摆振铰将桨叶和桨毂相连,挥舞铰使得桨叶能够做垂直于桨盘平面的上下自由挥舞运动,摆振铰使得桨叶能够在旋转平面内做前后自由摆动,因而能够有效降低桨叶根部载荷。变距铰通过变距拉杆将桨叶及变距摇臂与自动倾斜器连接,使桨叶能够绕变距轴做变距运动。

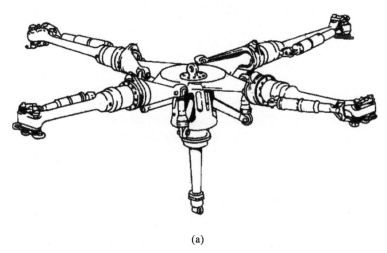

(a)

图 3-5　旋翼系统类型

(a)全铰接旋翼

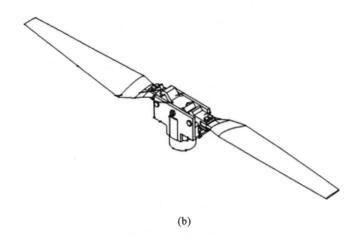

(b)

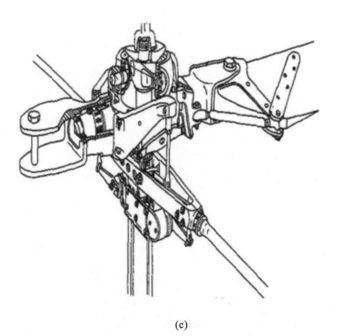

(c)

续图 3-5　旋翼系统类型
(b)跷跷板旋翼；　(c)万向铰旋翼

2.旋翼的功能

旋翼是无人直升机的关键部件,它的主要功能有:

(1)产生向上的力(习惯叫拉力),以克服全机重力,类似于飞机机翼的作用。

(2)产生向前的水平分力,使直升机前进,类似于推进器的作用。

(3)产生其他分力及力矩,使直升机保持平衡或进行机动飞行。

3.3.2　旋翼的主要几何参数

1.旋翼直径 D

旋翼旋转时,叶尖所画圆圈的直径叫作旋翼直径,用 D 表示,如图 3-6(a)所示。直径是影响旋翼性能的重要参数之一,通常,旋翼直径增大则拉力随之增大,效率也随之提高,故在结构允许的情况下应尽量选择直径较大的旋翼。此外,还要考虑桨尖气流速度不应过大,否则可能出现激波,导致效率降低。

2.旋翼桨叶宽度 b

桨叶剖面的弦长就是该半径处的桨叶宽度,用 b 表示。4 种平面形状的桨叶如图 3-6(b)所示。对于矩形桨叶,b 沿径向不变;对于梯形桨叶或其他桨叶,b 沿径向改变。

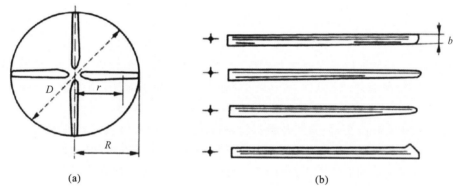

图 3-6　旋翼的主要几何参数
(a)旋翼的直径和半径；　(b)不同状态旋翼桨叶平面

3.旋翼桨叶数目 k

桨叶数目 k 是指一个旋翼具有的桨叶数量。桨叶数目在旋翼设计中也是一个非常重要的指标,直接影响旋翼的气动特性和效率。一般,旋翼的拉力系数和功率系数与它的桨叶数目成正比,随着旋翼吸收功率的增大,桨叶的数目也在增加,由双叶桨增加到 4 叶桨、6 叶桨、8 叶桨等。微型及轻小型旋翼无人机的旋翼大多采用结构简单的双叶桨,只是在旋翼直径受到限制时采用增加桨叶数目的方法使旋翼与发动机获得良好的配合。增大桨叶数目,必须考虑以下两个方面的问题:

(1)增加桨叶数目 k 会降低旋翼的效率。这是因为当旋翼旋转时,包围桨叶的扰流数目多的桨叶要比数目小的桨叶大。

(2)旋翼的质量要增加。一般每增加一片桨叶,旋翼相对质量增大 23%～25%。

4.旋翼桨叶翼型

旋翼桨叶的剖面形状称为翼型,它是旋翼能够产生拉力的关键因素。类似于固定翼无人机,桨叶翼型可以有不同的形状和尺寸,但产生升力的原理相同。当旋翼转动时,每片桨叶都会产生升力。所有桨叶产生的升力合成为一个向上的总拉力,该总拉力克服了无人直升机本身的重力,从而能够使无人直升机升空飞行。

5.旋翼旋转速度

旋翼转速一般以每分钟转的圈数为单位,而角速度以每秒一个弧长为单位。两者的关系为

$$\Omega = \frac{n\pi}{30} \tag{3-1}$$

式中:n 为旋翼转速,单位为圈 /min;Ω 为旋翼转动角速度,单位为 rad/s。

旋翼转速会受叶尖速度的限制,以避免叶尖出现过大的空气压缩效应。目前,旋翼的叶尖速度为 $180\sim220$ m/s。

3.3.3 飞行原理、飞行特点和旋翼反扭矩

无人直升机与有人直升机在飞行原理、飞行特点和旋翼反扭矩等方面基本相同。

1.飞行原理

无人直升机旋翼绕主轴旋转时,每片桨叶类同于固定翼飞机的一个机翼。桨叶与发动机(或变速器)主轴相连接的部件称为桨毂。旋翼桨叶的截面形状称为翼型,翼型弦线与垂直于桨毂旋转轴平面之间的夹角称为桨叶的安装角,也称为桨距,相当于飞机固定机翼的迎角。

当空气接近桨叶前缘时,气流开始折转,一部分空气向上绕过桨叶前缘流过桨叶上表面,另一部分空气仍然由桨叶下表面通过。这两部分空气最后在桨叶后缘的后方汇合,恢复到与桨叶前方未受扰动的气流相同的均匀流动状态。当气流被桨叶分割为上、下两部分时,由于桨叶上表面凸起较多而下表面凸起较少,加上桨叶有一定的桨距(迎角)使流过桨叶上表面的流管面积减小、流速增大,因此桨叶下表面气流受阻而使流管面积增大、流速减小。由伯努利定理可知,桨叶上表面的压力降低,桨叶下表面的压力增大。这样,上、下叶面之间产生了压力差,从而产生了桨叶表面的空气动力。根据不同的飞行状态,桨距的变化范围为 $2°\sim14°$,旋翼的转速或桨距的大小可以通过操纵系统进行操纵和控制,从而改变桨叶升力的大小,如图 3-7 所示。沿半径方向,每段桨叶上产生的空气动力在桨轴方向上的所有分量的合成力即为桨叶的总升力,所有桨叶的总升力合成,构成旋翼总拉力。在旋转平面上的分量产生的阻力由发动机所提供的功率来克服。

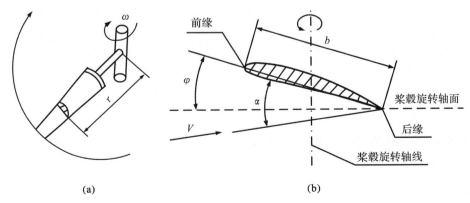

图 3-7　旋翼桨叶工作示意图

2.飞行特点

　　无人直升机与固定翼飞机在结构外形上和飞行原理上的差别,使得无人直升机具有大多数固定翼飞机所不具备的飞行特点:垂直升降,空中悬停,小速度前飞,侧飞,原地回转和树梢高度飞行等。这些飞行特点使得无人直升机在飞行和使用上要比固定翼飞机灵活得多,弥补了固定翼飞机因飞行速度大而存在的诸多不足,在很多固定翼飞机无法涉及的领域或地区可以"大显身手"。当然,任何事物都不是完美无缺的,无人直升机与固定翼飞机相比,具有速度低、耗油量较高、航程较短等缺点。

3.旋翼反扭矩及其补偿措施

　　包括无人直升机在内的旋翼飞行器的旋翼由发动机驱动,在空气中旋转,给周围空气以扭矩,因而空气必定以大小相等、方向相反的扭矩作用于旋翼,继而传递到机体上。如果不采取补偿措施,这个反扭矩将使机体发生逆向旋转。为了消除这个反扭矩作用以保持直升机机体的航向,可以采用不同的方式,从而出现了不同构造形式的旋翼飞行器。

　　(1)单旋翼式。图3-8(a)是一种单旋翼带尾桨的飞行器,用尾桨推力来平衡主旋翼反扭矩。这种形式是传统直升机中最流行的形式,在结构上要比双旋翼飞行器简单,但要多付出尾桨的功率消耗。

　　(2)双旋翼共轴式。两旋翼在同一轴线上,相逆旋转,因此反扭矩彼此相消[见图3-8(b)]。这种形式的外廓尺寸较小,但传动和操纵机构复杂。

(a)　　　　　　　　　　　　　　　　(b)

图3-8　单旋翼和双旋翼共轴式飞行器

(a)单旋翼机械驱动式旋翼飞行器；(b)双旋翼共轴式旋翼飞行器

　　(3)双旋翼纵列式。两旋翼纵向前后布置,相逆旋转,反扭矩彼此相消(见图3-9)。这种形式的优点是机身宽敞、容许机体重心位置移动较大;缺点是后旋翼空气动力效能较差。

图3-9　双旋翼纵列式飞行器

（4）双旋翼横列式。两旋翼左右安装在支臂或固定机翼上，相逆旋转，反扭矩彼此相消（见图3-10）。这种形式的优点是构造对称，稳定性、操纵性较好；缺点是迎面空气阻力较大。

图3-10 双旋翼横列式旋翼飞行器

（5）多旋翼式。旋翼数量多达4个或4个以上，通常分为4、6、8、12、16、18、24、36个旋翼等，每两个旋翼相逆旋转，因而反扭矩彼此相消（见图3-11）。

图3-11 多旋翼飞行器

（6）其他特殊形式。为了提高旋翼飞行器的有效载荷、前飞速度、升限和航程等性能，人们设计研制出了一些特殊形式的旋翼飞行器，例如复合式、组合式、倾转旋翼式、涵道式等。这里特别说明倾转旋翼式（见图3-12），这种形式的旋翼飞行器有固定机翼，双旋翼分别安装在固定机翼的两端。在起飞时，它就像横列式旋翼飞行器那样垂直起飞，起飞后旋翼轴相对于机体逐渐向前转动，转入前飞状态，过渡到平飞时就能像普通的固定翼飞机那样，依靠固定机翼产生向上的升力支撑机体重量，依靠转轴近乎水平的旋翼产生向前的拉力，牵引旋翼飞行器向前飞行，其飞行速度能提高2倍多，达到600 km/h。

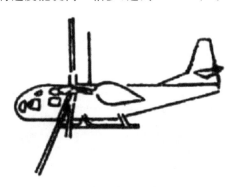

图3-12 倾转旋翼式旋翼飞行器

3.4　机 体 结 构

机体结构主要用于承受来自无人直升机外部环境及内部设备等作用下的所有载荷,同时有效保护直升机内部的航电设备,使无人直升机系统能够正常完成使命。无人直升机的机体结构有桁架式、硬壳式等多种形式。

3.5　动 力 装 置

动力装置是航空器的发动机以及保证发动机正常工作所必需的系统和附件的总称。无人机使用的动力装置主要有活塞式发动机、涡轮喷气发动机、涡轮风扇发动机、涡轮螺旋桨发动机、涡轮轴发动机、冲压发动机、火箭发动机、电机等。目前,主流无人机所采用的动力系统通常为活塞式发动机或电动机,小型涡轮喷气发动机已在少数高速无人靶机及突防无人机中得到应用。

3.5.1　活塞式发动机

活塞式发动机也叫往复式发动机,主要结构由气缸、活塞、连杆、曲轴、气门机构、减速器、机匣等组成。图 3-13 为一款典型的活塞式发动机。活塞式发动机属于内燃机,它通过燃料在气缸内的燃烧,将热能转变为机械能。活塞式发动机系统一般由发动机本体、进气系统、增压器、点火系统、燃油系统、起动系统、润滑系统以及排气系统构成。

图 3-13　活塞式发动机(ROTAX 914)

1.进气系统

进气系统是活塞式发动机的动脉,为发动机提供燃烧做功所需的清洁空气和燃料。活塞式发动机进气系统的作用是:将外部空气和燃油混合,然后把油气混合物送到发生燃烧的气缸。外部空气从发动机罩前部的进气口(装有空气滤清器)进入进气系统。小型活塞式发动机通常使用以下两种类型的进气系统:

(1)汽化器系统。汽化器本质上是一根管子,管子中有一个可调节的板,称作节流板,它控制着通过管子的气流量。管子中有一段较窄,称作文丘里管,在此窄道中,气体流速变快,压力变小。该窄道中有一个小孔,称作喷嘴,汽化器通过它在低压时吸入燃料。

(2)燃油喷射系统。燃油喷射系统即电子燃油喷射控制系统,以一个电子控制装置为控制中心,利用安装在发动机不同部位上的各种传感器,测得发动机的各种工作参数,按照在电脑中设定的控制程序,通过控制喷油器精确地控制喷油量,使发动机在各种工况下都能获得最佳浓度的混合气。

2. 增压器

增压器是一种用于活塞式发动机的辅助装置。发动机产生动力的条件是空气中的氧气与燃料的燃烧,由于在一定大气压力下单位空气的含氧量是固定的,同时一般的自然进气发动机是依靠活塞运动产生的压力差将空气或空气与燃油的混合气吸进汽缸,压力差有其上限,使得自然进气发动机的动力被大气压力所局限,所以有了增压器的使用。装设增压器能提高发动机进气的压力,以增加其中氧气的含量,通常可以使同排气量的发动机增加20%~50%,甚至更高的输出马力。

3. 点火系统

点火系统是用于点燃燃料空气混合气的系统。点火系统产生足够能量的高压电流,准时可靠的在火花塞两电极间击穿,产生火花,点燃发动机气缸内的混合气,并能自动调整提前点火角,以适应发动机不同工况的需求。

点火系统的种类繁多。早期的航空活塞式发动机采用由飞轮磁电机、点火线圈、白金触点断电器和火花塞组成的点火系统。随着电子技术的发展,当前的无人机活塞式发动机多采用可控硅无触点电容放电式点火系统。电容放电式点火系统由霍尔效应传感器、点火控制盒、点火线圈和火花塞组成。

4. 燃油系统

活塞式发动机燃油系统由油箱、油泵、燃油过滤器、汽化器或燃油喷射系统组成。燃油系统用来提供持续的从油箱到发动机的洁净燃油流量。燃油在所有发动机功率、高度、姿态和所有核准的飞行机动条件下必须能够供给发动机。无人机系统一般使用两种常规类别的燃油系统:重力馈送系统和燃油泵系统。重力馈送系统使用重力把燃油从油箱输送到发动机。如果飞机的设计不能用重力输送燃油,就要安装燃油泵。

5. 起动系统

要使发动机由静止状态过渡到工作状态,必须先用外力转动发动机的曲轴,使活塞做往复运动,气缸内的可燃混合气体燃烧膨胀做功,推动活塞向下运动使曲轴旋转,发动机才能自行运转,工作循环才能自动进行。因此,曲轴在外力作用下从开始转动到发动机开始自动运转的全过程,称为发动机的起动,所需的装置称为发动机起动系统。

6. 润滑系统

活塞式发动机润滑系统主要用来:润滑和冷却发动机的汽缸、活塞、曲轴连杆机构、螺旋桨减速器及附件传动机构等的摩擦表面;对活塞和气缸之间的间隙起密封作用,防止气体窜入曲轴箱;操纵螺旋桨变矩;清洗和防锈。

7.排气系统

当活塞移动到最低点时,排气门打开,活塞缸内的燃烧产物和空气混合物被排出。

3.5.2　电机

目前,大型、小型、轻型无人机广泛采用的动力装置为活塞式发动机系统,而出于成本和使用方便的考虑,微型无人机中普遍使用的是电动动力系统。电动动力系统主要由动力电机、动力电源、调速系统三部分组成。

1.动力电机

微型无人机使用的动力电机可以分为两类:有刷电机和无刷电机。其中,有刷电机由于效率较低,在无人机领域已逐渐淘汰。

电机的型号主要以尺寸为依据,比如:有刷 370 电机,是指它不包括轴的长度是 37 mm;无刷外电子 2208 电机,是指它定子线圈的直径是 22 m,不包括轴电子线圈的长度是 8 mm。当然,有一些型号是说它相当于某级别的,还有一些是厂家自己命名的。电机的技术指标很多,与无人机动力特性最相关的两个是转速和功率。转速一般用 kV 来表示,所谓 kV,就是指每伏特(V)能达到的每分钟转速。

例如:使用 kV1000 的电机,11.1 V 电池,电机转速应该是 $1\ 000 \times 11.1 = 11\ 100$,即 11 100 r/min。

无人机使用电机作为动力装置,具有其他动力装置无法比拟的优点,如结构简单、质量轻、使用方便,可使无人机的噪声和红外特征很小,同时又能提供与内燃机不相上下的功率。它尤其适合作为低空、低速、微型无人机的动力装置,例如:美国 FQM-151A"指针"手抛式无人机使用 1 台 300 W 钐钴电机,法国"方位角"便携式轻型无人机使用 1 台 600 W 无刷直流电机,俄罗斯"蜻蜓"短程监视和环境监控无人机使用 1 台 7.5 kW 电机。

2.动力电源

动力电源主要为电机的运转提供电能。通常采用化学电池来作为电动无人机的动力电源,主要包括铅酸电池、镍氢电池、镍铬电池、锂聚合物电池、锂离子动力电池等。

表示电池性能的标称有很多,无人机动力系统设计中最关心的是电压、容量和放电能力。电池的电压用伏特(V)来表示。

标称电压只是厂家按照国家标准标示的电压,实际上使用时,电池的电压是不断变化的。例如:镍氢电池的标称电压是 1.2 V,充电后电压可达 1.5 V,放电后的保护电压为 1.1 V;锂聚合物电池的标称电压是 3.7 V,充电后电压可达 4.2 V,放电后的保护电压为 3.6 V。在实际使用过程中,电池的电压会产生压降,这和电池所带动的负载有关,也就是说,电池所带的负载越大,电流越大,电池的电压就越小,在去掉负载后电池的电压还可恢复到定值。

电池的容量是用毫安·时(mA·h)来表示的,它的意思是电池以某个电流来放电能维持 1 h。例如,1 000 mA·h 就是这个电池能保持以 1 000 mA(1 A)电流放电 1 h。但是,电池的放电并非是线性的,所以不能说这个电池在 500 mA 时能维持 2 h。不过,电池在小电流时的放电时间总是大于大电流时的放电时间,所以可以近似算出电池在其他电流情况下的放电时间。一般来说,电池的体积越大,它储存的电量就越多,但质量也会增加。

电池的放电能力用倍率(C)来表示,意思是按照电池标称容量最大可达到多大的放电电流。例如:一个 1 000 mA·h、10 C 的电池,最大放电电流可达 1 000×10=10 000 mA。在实际使用中,电池的放电电流是与负载电阻有关的,根据欧姆定理,电压等于电流乘以电阻,所以电压和电阻是定数时,电池的放电电流也是一定的。例如:使用 11.1 A、1 000 mA·h、10 C 的电池,而电机电阻是 1.5 Ω,那么在电池有 12 V 电压的情况下,忽略电调和线路电阻,电流等于 12/1.5=8 A。

充电过程对电池的寿命有相当大的影响。一般来说,电池的充电时间是和充电电流相关联的。比如说,一个 1 000 mA·h 的电池,充电电压略高于额定电压,充电器的电流是 500 mA,那么充电时间就等于 1 000÷500=2,即 2 h。但是,这只是从零电压充起的情况,也就是说这只是理想状态,实际的充电时间还要看电池原有的电量。一些研究人员试图采用大电流充电的方式来缩短充电时间,但是大电流充电方法具有局限性。试验证明,大电流充电会对电池的性能造成一定程度的破坏,也可能充上的只是浮电。一般厂家要求用 0.1 C 的电流充电,而锂聚合物电池因为性能优越,在保证冷却通风的条件下可以用 1 C 的电流充电。

3. 调速系统

动力电机的调速系统全称为电子调速器,针对动力电机的不同,可分为有刷电调和无刷电调。它根据控制信号调节电机的转速。对于它们的连接,一般情况如下:

(1)电调的输入线与电池连接;

(2)电调的输出线(有刷两根、无刷三根)与电机连接;

(3)电调的信号线与接收机连接。

另外,电调一般有电源输出功能(BEC),即在信号线的正负极之间有 5 V 左右的电压输出,通过信号线为接收机及舵机供电。

3.5.3 涡轮喷气发动机

有人机涡轮喷气发动机技术的发展,为无人机涡轮喷气发动机的发展提供了重要的技术基础。目前,小型涡轮喷气发动机已在少数高速无人靶机及突防无人机中得到应用。

小型涡轮喷气发动机机构包含四部分:压气机、燃烧室、涡轮、喷管。压气机使空气以高速度通过进气道到达燃烧室。燃烧室包含燃油入口和用于燃烧的点火器。膨胀的空气驱动涡轮,同时涡轮通过轴连接到压气机,使发动机循环运行。从喷管排出的加速的高温燃气为整机提供推力。图 3-14 为一款典型的小型涡轮喷气发动机。

3.5.4 其他发动机

除上述动力系统外,无人机中还有少数涡轴、涡桨、涡扇等动力装置的应用。从现有在役无人机动力装置的情况来看,涡轴发动机主要用于中低空、低速、短距/垂直起降无人机和倾转旋翼无人机,起飞质量可达 1 000 kg;涡桨发动机主要用于中高空、长航时无人机,起飞质量可达 3 000 kg;涡扇发动机适用于高空、长航时无人机和无人战斗机,起飞质量可以很大,如"全球鹰"可达 11.6 t。

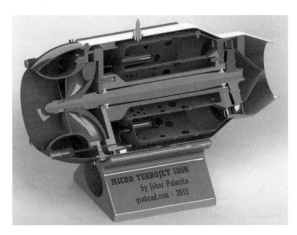

图 3-14 小型涡轮喷气发动机

3.6 导航与飞行控制系统

导航飞控系统是无人机的关键核心系统之一。它在部分情况下,按具体功能又可划分为导航和飞行控制两个子系统。

3.6.1 导航系统

导航系统的功能是向无人机提供相对于所选定的参考坐标系的位置、速度、飞行姿态,引导无人机沿指定航线安全、准时、准确地飞行。完善的无人机导航系统应具有以下功能:

(1)获得必要的导航要素,包括高度、速度、姿态、航向;

(2)给出满足精度要求的定位信息,包括经度、纬度;

(3)引导飞机按规定计划飞行;

(4)接收预定任务航线计划的输入,并对任务航线的执行进行动态管理;

(5)接收控制站的导航模式控制指令并执行,具有指令导航模式与预定航线飞行模式相互切换的功能;

(6)具有接收并融合无人机其他设备的辅助导航定位信息的能力;

(7)配合其他系统完成各种任务。

3.6.2 飞行控制系统

飞行控制系统是无人直升机完成起飞、空中飞行、执行任务、返场着陆等整个飞行过程的核心系统,对无人直升机实现全权控制与管理。因此,飞行控制子系统之于无人直升机相当于驾驶员之于有人机,是无人直升机执行任务的关键系统。飞行控制系统主要具有以下功能:

(1)无人直升机姿态稳定与控制;

（2）与导航子系统协调完成航迹控制；

（3）无人直升机起飞（发射）与着陆（回收）控制；

（4）无人直升机飞行管理；

（5）无人直升机任务设备管理与控制；

（6）应急控制；

（7）信息收集与传递。

3.6.3　常用设备简介

1.传感器

无人机导航飞控系统常用的传感器包括角速率传感器、姿态传感器、位置传感器、迎角侧滑角传感器、加速度传感器、高度传感器及空速传感器等。

（1）角速率传感器。角速率传感器是飞行控制系统的基本传感器之一，用于感受无人机绕机体轴的转动角速率，以构成角速率反馈，改善系统的阻尼特性，提高稳定性。

（2）姿态传感器。姿态传感器用于感受无人机的俯仰、滚转和航向角度，用于实现姿态稳定与航向控制功能。

（3）位置传感器。位置传感器用于感受无人机的位置，是飞行轨迹控制的必要前提。惯性导航设备、GPS卫星导航接收机、磁航向传感器是典型的位置传感器。

（4）高度、空速传感器（大气机）。高度、空速传感器（大气机）用于感受无人机的飞行高度和空速，是高度保持和空速保持的必备传感器，一般和空速管、通气管路构成大气数据系统。

2.飞控计算机

飞控计算机是导航飞控系统的核心部件，从无人机飞行控制的角度来看，飞控计算机应具备姿态稳定与控制、导航与制导控制、自主飞行控制、自动起飞控制、着陆控制等功能。

飞控计算机按照对信号的处理方式，主要分为模拟式、数模混合式和数字式飞控计算机3种类型。随着数字电路技术的发展，模拟式飞控计算机已基本被数字式飞控计算机取代，新研制的无人机飞控系统几乎都采用了数字式飞控计算机。

无人机没有人身安全问题，因此会综合考虑功能、任务可靠性要求和性能价格比来进行余度配置设计。就飞控计算机而言，一般，大、小型无人机都采用多余度设计，一些简单的微、轻型无人机采用单一设计。飞控计算机主要硬件构成包括主处理控制器、二次电源、模拟量输入/输出接口、通信接口、加温电路和设备外壳等。

3.7　电　气　系　统

在无人机上使用的动力、测控、飞行控制与管理、导航、任务设备等系统都与电气系统有关。因此，电气系统是无人机系统的一个重要组成部分，它的工作状态及运行质量将直接影响无人机和全系统的正常工作。

无人机电气系统一般包括电源系统和配电系统两大部分，其功能是向无人机各用电系统或设备提供满足预定设计要求的电能。电气系统主要由主电源、应急电源、电气设备的控制与保护装置及辅助设备组成。

机载电气系统的供电电源一般是指由动力装置直接驱动的发电装置或动力电池。在一些大型无人机上,为了适应用电系统或设备对供电类型的不同要求,还应根据需要设置变换电源。此外,有些无人机上还设有应急电源,如果主电源系统发生故障,它可为无人机安全飞行和返航着陆所必需的系统或设备提供基本电能。

配电系统应将电能可靠且有效地输送到各用电系统和设备。配电系统由传输电线和控制与保护装置组成。对于重要的系统或设备,还应有多路的独立供电设计,当配电系统中发生局部故障时,不能影响到未发生故障的部分,更不能危及无人机的安全。

第4章 地面控制系统

4.1 概　述

指挥控制与任务规划是无人直升机地面控制系统（GCS）的主要功能。无人直升机地面控制系统也称地面站、控制单元或任务规划与控制站。在规模较大的无人机系统中，可以有若干个控制站，这些不同功能的控制站通过通信设备连接起来，构成无人直升机控制系统，主要实现对无人直升机的控制与状态显示、侦察图像数据和机载任务设备状态数据的显示、机载任务设备的控制、侦察情报的生成、毁伤评估等情报信息的接收和转发等功能。图4-1为一款典型的无人直升机地面控制站。

图4-1　无人直升机地面控制站

近年来，无人直升机发展迅速，与无人直升机发展相匹配的无人直升机地面控制系统具有包括任务规划、数字地图、数据链路、图像处理能力在内的集控制、指挥、通信、处理于一体的综合能力，并在不断向通用化、集成化、模块化、智能化发展。

4.2 系统功能

地面控制系统作为整个无人直升机系统的作战指挥中心，其控制内容包括无人直升机的飞行过程、飞行航迹，有效载荷的任务功能，通信链路的正常工作，以及无人直升机的起飞和降落。地面控制系统除了完成基本的飞行与任务控制功能外,同时也要求能够灵活地克服各种未知的自然与人为因素的不利影响,适应各种复杂的环境,保证全系统功能的成功实现。地面控制系统还应实现与远距离的更高一级的指挥中心联网通信,及时、有效地传输数据、接收指令,与网络中其他作战单元互联互通,在网络化的现代作战环境中发挥独特作用。

4.2.1　任务规划功能

无人直升机任务规划就是在综合考虑无人直升机到达时间、油耗、威胁以及飞行区域等因素的前提下,根据无人直升机性能载荷及作战任务的不同,对无人直升机进行合理的分配,为无人直升机规划出一条最优或者是满意的飞行航迹,以保证圆满完成飞行任务并实现安全返回,实现耗时、耗油、承受威胁代价最小,实现资源的实时、动态合理调配,以便提高侦察、决策、打击、评估的时效性。在设计任务规划的最初阶段,需要对无人直升机的任务模式进行分类,然后针对不同模式下的任务特性和需求属性进行有针对性的任务规划。

4.2.2　遥控遥测功能

无人直升机遥控功能包括无人直升机起降操纵、飞行控制操作、任务载荷操作、数据链控制。操作人员根据当前的飞行状态、无人直升机所处的环境以及需要完成的任务,通过控制器发出控制信息,地面控制站将无人直升机控制指令编码后发送到链路地面设备,由链路地面设备将指令再次编码、调制,然后通过信道设备发送到无人直升机,无人直升机接收到指令后执行遥控命令。

无人直升机遥测功能指将无人直升机及任务载荷的工作参数、工作状态、环境参数等转换为无线电信号后下传到地面控制站,经过解调处理后进行显示和记录。

4.2.3　载荷控制功能

目前,无人直升机装载的主要设备包括光电综合侦察设备(黑白或彩色摄像机、激光测距仪和光电设备稳定平台)、红外综合侦察设备(红外行扫描仪、红外前视仪)、合成孔径雷达(SAR)等,还可根据特定任务需要装载电子侦察和干扰设备、通信中继设备、通信和雷达波导的导引头、多光谱目标系统、核辐射侦察载荷等。

4.2.4　显示记录功能

显示记录功能包括飞行状态参数显示与记录、航迹显示与记录、任务载荷信息显示与记录、链路信息显示与记录等。

1.飞行监控

地面控制站通过飞行监控席实现飞行任务规划、对无人机飞行过程进行监控等,包括飞行状态监控、导航监控等。

飞行状态监控功能包括飞行状态的显示和飞行状态控制两个部分。飞行状态的显示通过一些虚拟仪表或者控件显示飞行器设备的状态、飞行状态,主要包含下行数据链传输给地面站的各种数据,如速度、偏航角、高度、航向等飞行信息,还显示部分运行状态,如电压/油量、GPS/北斗导航连接状态等信息。飞行状态控制主要是地面控制站软件通过上行数据链向飞行器发送相关的控制指令,如悬停、返航及降落等飞行控制命令。

导航监控功能是实现在电子地图上显示航点和生成规划的航线,同时在执行任务的过程中,实时显示无人机所处的地图位置,便于实时监控无人机的飞行航迹是否和提前规划的任务航迹一致。

2.链路监控

链路监控功能是监视机载设备和地面设备的工作状态及链路工作状态,可完成链路控制和设备管理,主要包括状态采集、监控显示、链路和设备控制命令的生成等功能。为了防止链路受到干扰,链路一般有多个频道,每个频道根据传输速率占用一定的带宽,在实际使用中可以选择不同的频道进行通信。改变频道时,机上和地面必须同时进行修改,以保证相互匹配。

4.2.5 信息处理功能

测控信息处理是地面控制站的重要工作之一,遥控系统反馈的遥控指令接收信息和执行情况可以通过遥测信道反馈,并为调姿提供参考数据,测控信息处理实时性的好坏直接影响着无人机的飞行和任务执行。遥测系统在无人机飞行中获取的大量数据,分析处理后可以作为评定和改进的设计依据。同时,一旦无人机出现故障,也可以根据遥测数据分析、检查及排除故障,把损失降低到最小。

4.3 地面控制系统硬件组成

典型的地面控制站,主要实现对无人直升机平台的控制、任务载荷控制、链路监控、任务规划、载荷数据分析显示等。

地面控制站主要由控制席位、地面数据终端和辅助设备组成(见图 4-2)。控制席位(见图 4-3)主要包括飞行监控席、任务监控席、情报处理席;地面数据终端主要包括无线链路收发组合、天线伺服控制组合等;辅助设备主要包括方舱、底盘总成、供配电设备等。

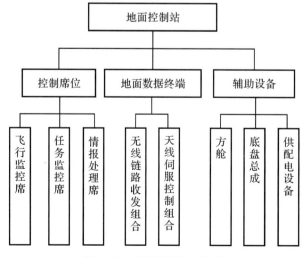

图 4-2 地面控制站的组成

图4-3　地面控制站控制席位

飞行监控席主要完成对飞行器的控制、飞行器状态的显示、飞行中三维视景的显示等，可兼具任务规划、图像和遥测数据的分发功能。

任务监控席主要显示任务设备的侦察图像数据和任务平台状态数据，并完成对各种载荷的控制。

情报处理席主要负责侦察情报生成、毁伤评估等情报信息的接收和转发，可兼具图像和遥测数据的分发功能。

链路设备主要为地面数据终端，完成遥控数据的发送以及遥测数据和图像数据的接收等，无线数据通信链路的监控可接入席位进行显示。

方舱及底盘主要为地面控制系统提供机动运输平台。地面控制站一般采用方舱形式，安装在运输车辆上，舱内提供环控、照明等功能。

地面供配电设备主要采用柴油/汽油发电机组或取力发电机组作为地面控制系统无市电情况下的一次电源，开关电源作为二次电源为车载各设备提供电力。

4.4　地面控制系统形式

随着无人直升机应用领域的不断扩张，无人直升机地面系统形式也越来越多样化，可以采用机动的形式部署在前沿阵地、机场周边、舰船上，设备可以装载在机动汽车、大型运输机或者舰船上，以实现快速机动的能力。通过采用视距数据链或者卫通数据链与无人直升机通信，适用于态势侦察、隐身突防、火力引导、通信中继等短距作战与部署，也可以简化整套系统成小型设备的形式，采用背负式结构，操作灵活。地面控制系统从形式上主要分为车载式、舰载式和便携式。

4.4.1　车载式

车载式系统(见图4-4)就是将地面控制站、运输保障设备等统一安装于车辆上，由车辆来实现地面系统的机动性。为了便于操作人员长时间的工作，通常采用方舱装载于底盘的形式。方舱内部设置控制席位(见图4-5),可以提供更大的活动空间和更便捷的操作环境。另外,为了保持信息的高效交互,对于机载任务载荷,有可能需要配置额外的操作人员,专门负责机载任务载荷的控制和图像处理、分析。

图 4-4　车载式系统

图 4-5　车载式控制席位

4.4.2　舰载式

无人机适合在舰船起飞与降落,适用于海军的侦察、探测与打击任务。舰载无人机的起飞、降落和任务载荷控制,可以由舰载式系统(见图4-6)控制,或者由陆地起飞后,舰载控制系统接管无人机的控制。由于舰船载体的特殊性,通常舰载式控制系统会选用与车载式相同的硬件与软件功能模块,例如图4-7所示的舰载式控制席位,但会根据空间特点简化保障设备和通信相关设备。

(a)

(b)

图 4 - 6　舰载式系统

图 4 - 7　舰载式控制席位

4.4.3 便携式

便携式系统(见图4-8)一般采用背负式结构,配备小型设备,通常集成有图形化用户界面,集视频显示、数据收发、载荷控制和无人机飞行控制于一体,方便操控人员对无人直升机进行控制。便携式地面系统一般通过连接无线数据通信链路的地面段,与机动式地面系统并行工作,也可接收显示来自无人直升机的图像,让前线的作战单元接收来自无人直升机的图像(见图4-9)。便携式地面系统的应用为目标侦察、前线作战提供了一种更为便捷、隐秘的手段。

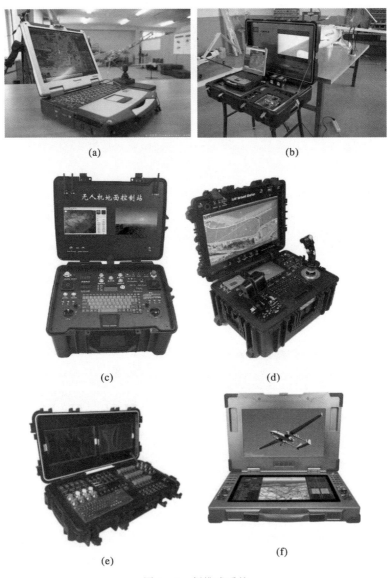

图4-8　便携式系统

(g)

续图 4-8　便携式系统

图 4-9　便携式控制系统界面

4.5　地面控制系统软件组成

地面控制系统软件主要包括任务规划及导航监控软件、飞行监控软件、数据管理软件、链路监控软件、任务载荷监控软件、任务载荷图像解压与显示软件。

4.5.1　任务规划及导航监控软件

任务规划及导航监控软件的功能包括：加载地理信息库数字地图并显示；支持通过对显示的地图信息进行漫游和缩放操作；接收来自数据管理软件的无人直升机位置数据在数字地图上显示；完成起飞着陆航线和一般飞行航线航线设定、航点修改、地图上航点生成；可以根据飞行任务要求，在地图上手动或者自动完成航线规划，将任务规划数据发送给数据管理软件。任务规划及导航监控软件界面和航点操作界面分别如图 4-10 和图 4-11 所示。

图 4 - 10   任务规划及导航监控软件界面

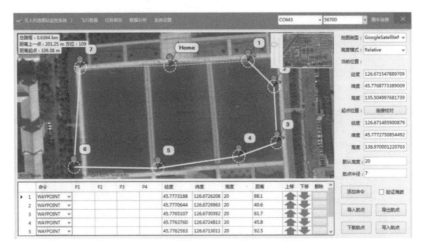

图 4 - 11   航点操作界面

4.5.2   飞行监控软件

飞行监控软件的功能包括:根据从数据管理软件收到的遥测数据显示飞行器姿态信息、速度信息、高度信息、动力系统信息、链路状态信息,通过软件界面、硬件面板/按钮采集数据形成上行飞控指令,发送至数据管理软件;根据从数据管理软件收到的遥测数据显示飞行器设备状态信息;根据从数据管理软件收到的遥测数据显示飞行器收到遥控指令的回报信息。飞行状态显示模块显示数据界面和仪表实现图分别如图 4 - 12 和图 4 - 13 所示。

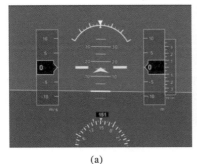

(a)   (b)

图 4 - 12   飞行状态显示模块显示数据界面

(a)虚拟驾驶舱仪表显示数据;   (b)数字仪表窗口显示数据

(a)   (b)

图 4-13　仪表实现图

(a)仪表实现图多视窗；　(b)仪表实现图单视窗

4.5.3　数据管理软件

数据管理软件的功能包括：接收飞行监控软件、任务监控软件和导航监控软件发来的飞行、导航和任务遥控数据帧以及链路控制数据帧(见图 4-14)，并组包通过网络发送给链路监控软件；接受链路监控软件通过网络发出的遥测数据帧和链路状态数据帧，并按照选择的波段类型转发相应的遥测信息；在无人机飞行时同步记录飞机遥测遥控数据、数据链状态数据和任务图像数据；任务数据回放为回放飞机遥测遥控数据、数据链状态数据和任务图像数据(见图 4-15～图 4-17)。

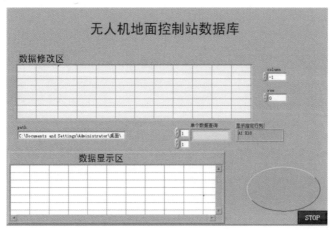

图 4-14　数据管理模块软件界面

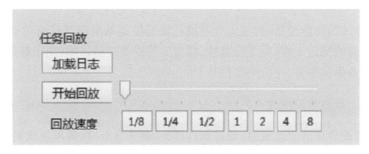

图 4-15　任务回放控制区域

图 4-16 任务回放模块界面

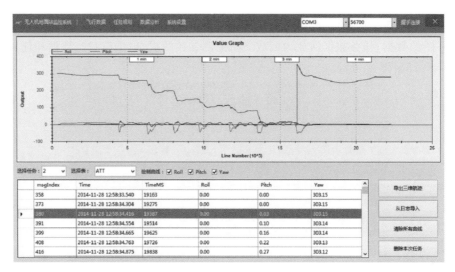

图 4-17 飞行数据曲线分析

4.5.4 链路监控软件

链路监控软件的功能包括:对无人直升机和地面控制站间链路状态的监视和链路参数的控制,维护链路的稳定工作,为飞行监控、载荷监控提供链路保障;用于数据链工作的全过程,包括起飞前数据链准备、飞行中监控等。

4.5.5 任务载荷监控软件

任务载荷监控软件的功能包括:通过软件界面、硬件面板/按钮采集数据,形成上行载荷指令,发送给飞行监控软件,由飞行监控软件进行指令复接,形成上行遥控指令,发送给地面链路设备,通过数据链路完成无人直升机的载荷控制;接收来自数据管理软件的遥测参数,并进行解码,进行飞行平台任务载荷状态参数显示。

4.5.6　任务载荷图像解压与显示软件

任务载荷图像解压与显示软件的功能包括:实现对接收的光电图像、红外图像、SAR 雷达图像进行解压显示;通过目标框对感兴趣的目标实施跟踪。

第5章　测控与信息传输系统

5.1　概　　述

本章对无人直升机的测控与信息传输系统的功能及组成进行综述。无人直升机测控与信息传输系统又称数据链,是任务机、地面控制站之间,以及任务机与中继机、武器系统或其他操作平台之间,按照约定的通信协议和信息传输方式,进行指令交互、信息传递的无线通信链路,是保证无人机准确完成任务的重要组成部分。数据链通过在传感器、指挥控制中心、武器装备之间建立实时、高效的信息交互网,来满足体系化作战信息交换需求。数据链作为无人机系统中的神经网络,在无人机系统内部以及无人机系统与其他作战系统之间,搭建了一个具有实时性、灵活性的侦察勘测、信息交互和协同作战的网络体系,实现了战场情报、指挥控制和装备协同信息的实时分发,支持无人机与指挥控制中心的互联互通,是将无人机系统融入网络化作战体系的重要手段,在整个作战系统中发挥着重要作用。数据链管理主要是对数据链设备进行监控,使其完成对无人机的测控与信息传输任务。无人机数据链主要有 V/UHF 视距数据链、L 视距数据链、C 视距数据链、UHF 卫星中继数据链、Ku 卫星中继数据链。

5.2　系　统　功　能

第一,测控与信息传输系统的功能是:

(1)传输对无人机及任务机设备的遥控指令。地面站发送控制飞行姿态的遥控指令来控制无人直升机姿态或者发送控制光电平台转动的指令来控制光电平台转动。

(2)传输无人机及任务设备的遥测信息。遥测指令是指气压计收集到的高度信息,温度传感器收集到的温度信息,惯导、惯性测量单元(IMU)收集到的姿态信息等。

第二,传输任务设备的遥测信息。拿光电球来说,它的遥测信息包括光电球的方位角与俯仰角、激光的测照距离等。

(1)传输任务设备获取的侦察信息(含图像侦察信息和电子侦察信息)。

(2)利用遥测信息确定无人机的空间位置并对无人机实施跟踪。采用斜距/方位/高度定位方式实现对空中平台的自主定位。

(3)当双机飞行时,中继机完成地面站与任务机之间的通信中继。

无人机有时还需要无线电中继转发设备,主要解决系统在视距内不能通视、无法有效沟通联系的问题。它可以利用中继机的机载链路设备作为中继转发设备,来转发遥控、遥测、图像和其他信息。

(4)完成无人机分队内部、外部的通信。由无人直升机系统设备的集群电话(对讲机群)实现各操作人员的通信(内部),由无人直升机系统设备的通用电台实现与其他单位的通信(外部)。

早期无人机的遥控、遥测在传输上各自使用自己专用的信道设备,因此系统较为复杂,后来逐渐发展到遥控、遥测和定位三者共用一个信道,目前已实现遥控、遥测、定位和图像传输共用一个信道,称为四合一传输体制,不但减少了系统的设备数量,也减小了质量和体积。

5.3　通信系统模型

5.3.1　通信原理

通信是将消息从发信者传输到收信者,这种传输是利用通信系统来实现的。通信系统是指完成通信这一过程的全部设备和传输媒介,经典通信系统模型如图 5-1 所示。

图 5-1　经典通信系统模型

1.信源

信源是指信息的来源,一般指人或设备,其作用是产生(形成)消息。

2.消息

消息有许多种形式,如符号、文字、语言、音乐、数据、图片、活动图像等。消息带有需要传送给收信者的信息。因此,消息是用以承载信息的有次序的符号序列(包括状态、字母、数字等)或连续的时间函数。前者称为离散消息,如书信、电报、数据等;后者称为连续消息,如语言、活动图像等。这里的"离散"或"连续"是指时间上的离散或连续。

3.发信机

发信机是产生和调制射频电能,以便电波发射出去的设备。发信机最基本的部分包括振荡器、调制器和功率放大器等。振荡器的作用是将电源的电能变为射频电能;调制器的作用是用要发送的消息对射频信号进行调制,并将调制后的射频信号放大后,由天线发射出去,此时发射的是携带了消息的射频信号,也称为已调射频信号。

发信机的作用是将消息转换为适于在信道中传输的信号。在通信系统里,信号可以由电压、电流或电波等物理量来体现。当它为时间的连续函数时,称为连续信号,也称为模拟信号,在时间上是离散的;在时间上不连续时,则称为离散信号。如果不仅在时间上离散,而且取值也离散,那么称为数字信号。

4.信道

信道是指信号传输的通道。信道的种类很多,概括起来有两种,即有线信道与无线信道。例如:有线电话,这个电话线就是有线信道;无线信道则一般指空气等传播介质。信道的传输性能直接影响到通信的质量。在通信系统中,噪声来源很多,散布在系统各点,为了分析方便,在图 5-1 中将噪声源集中表示在一个方框里。

5.收信机

收信机的作用与发信机相反,主要完成解调等任务,将信号转换为消息,传给信宿。

6.信宿

信宿是指接收消息的人或者设备。

消息转换为信号,一般要经过 3 个步骤:变换、编码、调制。它们可以分别进行,也可以混合在一起进行。

(1)变换就是将表达消息的非电量的变化变换为电量的变化。例如,电话就是利用送话器把说话时声波压力的变化变换为相应的电流或电压变化。对于这类变换设备的一般特性,通常只要求它们是线性的,即作用与响应成正比。

(2)编码是指在数字通信系统里,为了某种目的,对数字信号进行的某种变换。例如,用来提高传输有效性的信源编码,用来提高传输抗干扰性的纠错编码以及用来保密的保密编码,等。进行编码的设备称为编码器。

(3)调制是用原始的信号对高频振荡器输出信号的某个参量进行控制的一种方法,这个参量就是幅度、频率、相位等。实现调制所用到的装置称为调制器。调制在系统中用来变换信号,从消息变换过来的原始信号通常称为基带信号(低通信号),它的特点是其频谱从零频附近开始延伸到某个小于几兆赫的频率值。在某些系统中,如直流电报、实线电话和有线广播等,基带信号可以直接在信道内传输,并称之为基带传输系统。但是,大量的通信系统需要通过调制将基带信号变换为更适合在远距离中传输的形式,例如,在无线系统中,基带信号必须变换到射频(高频)波段才能进行有效的传输,即使在有线信道,有时也需经过调制使信号频率和信道有效传输频带相适应。总之,调制过程对通信系统是至关重要的,因为调制方式在很大程度上决定了系统可能达到的性能。概括起来,调制有如下几个目的:

1)实现信道复用。一般来说,每个被传输信号占用的带宽都小于信道带宽,因此,一个信道同时只传一个信号是很浪费的,此时信道工作在小于其传输信息容量的情况下,但不能同时传输一个以上的信号,因为这将引起信号间的干扰,但是通过调制,可以使各个信号的频谱搬移到指定的位置,互不重叠,从而实现在一个信道里同时传输许多信号。由于这是在频率域内实现信道的多路复用,故称之为频率复用。同样,在时间域里,利用脉冲调制或编码各路信号交错传输,也可实现信道复用,称之为时间复用。

2)改变信号占据的带宽。在通信系统中传输的常用信号类型(音频、视频及其他类型),其频谱占有许多倍频率,频率范围较广,传输特性将有极大的变化,因此传输媒介将引入一些不可控制的对频率的选择功能。对此,可以通过调制来避免,因为调制后信号频谱通常被搬移到某个载频附近的频带内,其有效带宽相对于最低频率而言是很小的,它是一个窄带带通信号,在很窄的频带内,传输特性的变化就不会那么大了。

3)改善系统性能。通信系统的输出信噪比是信号带宽的函数,根据信息论的一般原理可知,宽带通信系统一般表现出较好的抗干扰性能,也就是说,将信号变换,使它占据较大的带宽,它将具有较强的抗干扰性。例如,宽带调频信号的传输带宽比调幅信号宽,因此它的抗干扰性能比调幅好。理论上可以证明,可以用带宽来换取信噪比,带宽和信噪比的互换可由各种形式的调制来完成。

在模拟通信系统(见图 5 - 2)中,发信机简化为调制器,收信机简化为解调器,主要是强调在模拟通信系统中调制的重要作用。从原则上讲,调制和解调对信号的变换起着决定性的作用,它们是保证通信质量的关键。

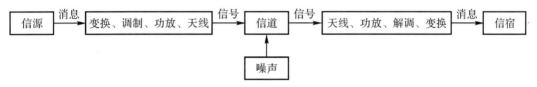

图 5 - 2　模拟通信系统模型

数字通信系统与模拟通信系统相比,具有保真性与加密性。对于数字通信系统,图 5 - 1 可以具体化为图 5 - 3。其中,编码器用来对消息变换成的数字信号进行一定规律的编码,有利于数字信号在信道中传输,数字加密也在编码器内进行。译码器的作用与编码器相反,它把解调器解调出来的编码数字信号解码,还原成消息再传送给信宿。

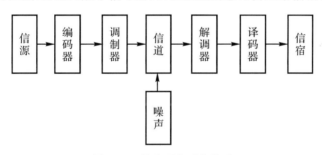

图 5 - 3　数字通信系统模型

应当指出,实际数字通信系统并非必须包括图 5 - 3 中的所有环节,如基带传输系统就不包括调制与解调环节,至于采用哪些环节,取决于具体的设计条件和要求。此外,在数字通信系统中,同步系统是不可缺少的。虽然本节提供的都是通信系统最简化的模型,但是它们往往决定着通信系统的质量。

加通信中继的系统模型如图 5 - 4 所示。

5.3.2　我国对民用无人机射频指标的规定

无人机通信链路需要使用无线电资源,目前世界上无人机的频谱使用主要集中在 UHF、L 和 C 波段,其他频段也有零散分布。2015 年 3 月 10 日,我国工业和信息化部下发了《关于无人驾驶航空器系统频率使用事宜的通知》,规定无人机使用频率为 840.5～845 MHz、1 430～1 444 MHz 和 2 408～2 440 MHz。

(1)840.5～845 MHz 频段可用于无人驾驶航空器系统的上行遥控链路。其中,841～845 MHz 频段也可采用时分方式用于无人驾驶航空器系统的上行遥控和下行遥测链路。

(2)1 430～1 444 MHz 频段可用于无人驾驶航空器系统下行遥测与信息传输链路。其中,1 430～1 438 MHz 频段用于警用无人驾驶航空器和直升机视频传输,其他无人驾驶航空器使用 1 438～1 444 MHz 频段。

(3)2 408～2 440 MHz 频段可作为无人驾驶航空器系统上行遥控、下行遥测与信息传输链路的备份频段。相关无线电台站在该频段工作时不得对其他合法无线电业务造成影响,也不能寻求无线电干扰保护。

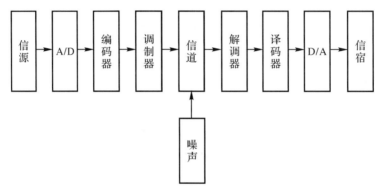

图 5 - 4　数字通信中继系统模型

5.4　系　统　分　类

测控与信息传输系统按传输信号类型分为模拟式和数字式。用于传输模拟信号的称为模拟式测控系统,用于传输数字信号的称为数字式测控系统。在一个测控传输系统中,既可用模拟信号传输,也可通过模数转换后用数字信号传输。无人机遥控遥测时,通常传输的信号不止一种,每个信号若单独使用一套无线电设备,将导致系统很庞大,因此,测控与信息传输系统常采用多路复用技术,即一个信道传输多个信号,故遥控遥测系统是一种多路传输系统。要进行多路传输,需要按一定规律分别进行传输。

按照传输体制的不同,测控系统分为时分测控系统、频分测控系统和码分测控系统。时分传输是基于载波的时间位置的不同,在接收端利用时间选通门来区分各路信号;频分传输是基于各个载波频率的不同,在接收端利用带通滤波器来区分各路信号;码分传输是基于各个载波的码型(或波型)结构不同,在接收端利用相关检测器来区分各路信号。

按照系统的安装位置的不同[45],测控系统分为机载测控系统和地面测控系统。

按照信号的性质分为连续信号的测控系统和断续信号的测控系统。连续性遥控指令,指令数值随时间连续变化,例如控制发动机油门大小的指令;断续指令,指令信号数值只取有限个间断值,例如控制开关指令。

5.5 系 统 组 成

5.5.1 概述

遥测系统主要由输入设备、发射机、发射天线、传输媒介(信道)、接收天线、接收机及输出设备(终端)等组成,如图 5-5 所示。

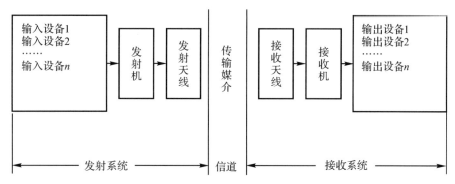

图 5-5 遥测系统组成框图

输入设备通常有传感器和信号调节器。传感器的作用是感受被测的物理量,并将它变成便于传输的电信号;信号调节器的作用是将传感器的信号加以放大和调整,以满足信道传输要求。经常把传感器和信号调节器统称为传感器,因此输入设备就是传感器。发射机常指主载波调制器和发射机的总和,主载波调制器对电信号进行调制,发射机用来保证有足够的载波信号的功率输出。组合成的发射机既能对信号调制,又能使信号有足够的功率输出。发射天线用来将发射机输出电波辐射出去。通常又把输入设备、发射机及发射天线称为发射系统。接收天线的作用是接收空中的电磁波。接收机把电磁波转换成电信号,该信号(调制信号)送至主载波解调器解调,常常把接收机和主载波解调器合称为接收机。输出设备的作用是将已解调出的信号进行处理、显示和记录。通常把接收天线、接收机和输出设备三者合称为接收系统。因此,遥测系统由发射系统、信道和接收系统组成。

遥控系统主要由指令形成装置、发射机、发射天线、信道、接收天线、接收机、被控对象组成,如图 5-6 所示。其中,发射机、发射天线、接收天线、接收机和信道的功用与遥测系统的同类设备相同。指令形成装置(设备)是对被控对象发出指令的设备。被控对象在这里指无人机(包括执行机构)。在无人机上,遥控指令经过指令变换装置,实现对无人机的控制。指令形成装置、发射机、发射天线三者的组合称为发射系统,接收天线、接收机和被控对象三者的组合称为接收系统。因此,遥控系统由发射系统、信道和接收系统组成。

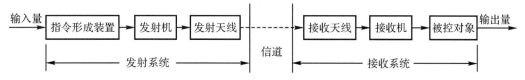

图 5-6 遥控系统组成框图

无人机利用遥控系统对无人机进行控制,而用遥测系统检测无人机的工作状态,因此它是一种遥控遥测的联合系统。遥控遥测技术包括信息的产生(或测量)、变换、传输、执行和反馈、处理、显示和记录等技术,因此,它是一种综合技术。

5.5.2 无人直升机数据链工作原理

无人直升机数据链组成如图5-7所示。

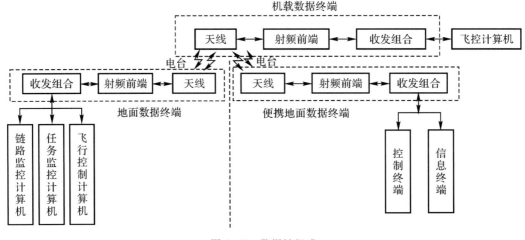

图 5 - 7 数据链组成

5.5.3 机载链路设备

机载链路设备是指无人机上用于通信联络的电子设备。机载链路设备的功能主要是在空中发送遥测信号和接收遥控信号(空中收发)。机载通信设备的发展趋势主要是数字化(实现以机载电子计算机为中心的数字通信)和综合化(将单一功能电台综合为多功能电台,进而将无人机电台与其他机载电子设备组成多功能综合电子系统),以及进一步减小机载通信设备的体积、质量和功耗,提高其可靠性、保密性和抗干扰能力。

机载电台一般由收信机、发信机、天线、控制盒和电源等组成。收信机和发信机是电台的主体,一般安装在飞机电子舱或靠近天线处,通过电缆与控制盒连接。视距内通信的无人机多数安装全向天线,需要进行超视距通信的无人机一般采用自跟踪抛物面卫通天线。

5.5.4 地面链路设备

民用通信链路的地面终端硬件一般会被集成到控制站系统中,称作地面电台。部分地面终端会有独立的显示控制界面。视距内通信链路地面天线采用鞭状天线、八木天线和自跟踪抛物面天线,有些需要进行超视距通信的控制站还会采用固定卫星通信天线。地面链路设备的功能主要是在地面发送遥控信号和接收遥测与图像信号(地面收发),以及与友邻单位通信。

第6章　任务载荷

6.1　概　　述

大多数无人直升机系统升空执行任务,通常需要搭载任务设备。任务载荷一般与侦察、通信、遥感等执行的任务有关。多任务是无人直升机的重要特点,有些无人直升机可搭载多种任务载荷,按任务要求执行不同的任务。无人直升机系统的设计应考虑所安装的任务载荷。任务载荷的大小和质量是无人直升机设计最重要的考虑因素。任务载荷可以分为侦察、校射、目标定位/指示设备,技术侦察设备,电子对抗设备,干扰设备,辐射探测设备。无人直升机在设计时应考虑任务载荷的安装位置,安装方式一般有机内安装和机外安装。未来,任务载荷的发展趋势是综合化、多样化、侦察系统数字化。

无人机的载荷是指安装在无人机上用于完成特定任务的设备或产品。无人机可携带的任务载荷的种类和功能在很大程度上决定了其应用价值。这些任务载荷按功能可分为通信类载荷、武器类载荷、光电类载荷。通信类载荷主要用于执行通信中继和通信情报任务,武器类载荷主要指炸弹、激光/卫星制导武器等,光电类载荷主要用于目标的侦察监视。

6.2　侦察、校射、目标定位载荷

无人直升机比较常见的任务就是侦察、校射、目标定位。执行任务的载荷包括光电侦察设备、激光设备(激光目标指示器、激光测距仪)、合成孔径雷达/活动目标侦察雷达等。

6.2.1　光电侦察

作为无人机的"眼睛",光电类载荷在无人系统中起着举足轻重的作用,这从其高昂的造价上可见一斑。光电载荷一般由光电传感器、光电稳定平台以及图像处理单元组成。光电侦察设备包括电视摄像机、红外热像仪、图像跟踪设备、化学感光照相机、数码照相机等。无人机执行监视、侦察和目标截获任务主要是用光学照相机、红外线扫描器、电视摄像机和前视红外热成像器等任务有效载荷获取敌方地面图像情报供指挥作战使用。

随着计算机技术、显示技术、控制技术和微电子技术的发展,新型光电系统已经不再局限于单一的传感器配置应用,而是采用可见到红外波段的各类传感器融合配置(如电视摄像机、微光夜视仪、激光测距仪、红外热像仪及其他相关的光电设备),在光电稳定平台上进行集成应用,从而形成种类繁多、结构复杂的光电系统。其中,最为常见的是电视摄像机、红外热像仪和激光测距仪三类传感器,它们已成为现代光电系统的标准配置。电视摄像机相对于红外热像仪、微光夜视仪等成像传感器来说,因具有良好的细节显示及图像分辨率,可实现昼间目标观瞄跟踪,从而可执行敌我识别,精确打击任务。

光电载荷中的光电传感器主要用于感知外部场景特征,常规配置的三类传感器主要包括电视摄像机、红外热像仪以及激光测照器(见图 6-1)。根据应用场景,可配置单一类型传感器,也可组合配置实现多种功能。电视摄像机是指把光学图像转换成便于传输的视频信号的设备,一般分为黑白和彩色两种。电视摄像机体积较小、质量较轻,影像是由电子记录,即使在低照明的条件下也能工作。红外热像仪是一种利用红外热成像技术,通过对物体的红外辐射探测,并加以信号处理、光电转换等手段,将物体的温度分布图像转换成可视图像的设备,通俗来说即将物体的不可见红外能量转变为人眼可见的热图像,以便于人眼观察。相比于电视摄像机,红外热像仪具备全天候工作、透雾能力强等优点,激光测照器用于光电载荷对目标距离的感知以及目标标示功能,它类似于一个具有距离显示的"强光手电",在目标打击时为激光制导导弹提供准确的指示。

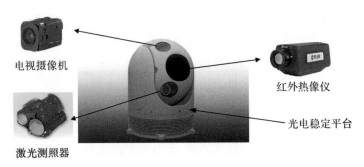

图 6-1 光电载荷的组成

人即使在静止条件下手持照相机拍照都会产生抖动,更别说在无人直升机涡轮发动机的强烈振动下,如何保证上述传感器在这种振动环境下依然能够清晰观察目标,光电稳定平台在其中发挥了举足轻重的作用。光电稳定平台在各大文献中并未有确切的定义,这里,笔者根据光电稳定平台的特征给出一个定义:它是指一类以惯性技术为基础,集机、电、控、算等多项应用技术于一体的高度集成化装置,主要利用陀螺仪使台体姿态在惯性空间保持不变,又称陀螺稳定平台。将光电传感器组件安装于陀螺稳定平台上即可实现视轴的稳定。根据需要稳定的自由度,陀螺稳定平台又可分为单轴、双轴和三轴稳定平台,其结构形式一般为双轴/三轴万向架形式,通过该种万向架形式能够实现对外部场景全方位的观察。

国外光电载荷以欧美的系列光电产品更具代表性,其中包括美国 FLIR 公司的 Safire 系列转塔、加拿大 L3 WESCAM 公司的 MX 系列转塔(见图 6-2)、美国雷声公司的 MTS 系列转塔。上述系列转塔分别配置有红外相机、彩色变焦相机、高分辨彩色侦察相机、多光谱/超光谱相机、激光照射装置等不同类型的光电传感器。先进的传感器成像技术不但能用于原始图像信息的提取,还能够探测识别生化战微粒,真正使无人机成为"千里眼"。

图 6-2 L3 WESCAM 公司 MX 系列转塔

以上光电载荷虽然性能强劲,但体积及质量较大,一般装备在大型固定翼无人机中,而未来无人机光电载荷主要向高分辨率、多谱段、体积小、质量轻、功耗低和高可靠性等方面发展,以色列在光电产品的小型化、轻量化方面做得较为出色。以色列飞机工业公司 Ramta 分部推出的轻型插入式光电载荷(POP)系列中,MiniPOP[见图 6-3(a)]由多种采用即插即用结构的光电传感器构成,可用的即插即用部件包括制冷型前视红外摄像机,彩色昼用摄像机、激光指示器和激光测距仪等多种传感器,其凭借多种性能优良的传感器以及不到 7 kg 的质量优势成为美国陆军 RQ-7 影子无人机的主要载荷。以色列 Bental 工业公司推出的 MicroBat 275-IR 夜视型机载传感器[见图 6-3(b)],质量仅有 400 g,并且采用先进的非制冷热成像仪,具有数字变焦功能,可提供高分辨率画面,可应用于小型无人机。虽然国内光电载荷发展相比国外依然较慢,但随着军民融合的推广,国内无人机光电载荷也在蓬勃发展,在军用领域,以中航光电科技股份有限公司、中国科学院长春光学精密机械与物理研究所、中国兵器工业第二〇五研究所研制的各型光电载荷产品为代表,而在民用领域,高德红外、大疆等在小型无人机载荷领域也有特色产品。未来,随着传感器性能、图像处理技术、材料制造等技术的不断提升,高性能的轻小型光电产品将成为市场的主流,它们将在无人机系统中发挥越来越重要的作用。

(a)

(b)

图 6-3 以色列轻小型光电载荷

(a)MiniPOP 光电载荷; (b)MicroBat 275-IR 光电载荷

1. 电视摄像机

电视摄像机作为光电系统的一个重要部件,在光电系统中占据着重要的地位,有着极为广泛的应用领域。各国研发的光电系统都非常重视对电视摄像机的研究及开发。

(1)电视摄像机的基本功能。

1)扩展了人眼观察的光谱范围。

2)能以很高的灵敏度获得客观世界与可见光和近红外光谱有关的信息。

3)可以白天观察外界景物。

(2)电视摄像机的优点。

1)分辨力高,尤其是在良好照度的条件下,电视摄像机分辨力优于红外热像仪。

2)色彩丰富。

3)隐蔽性好,一般都是被动接收目标的信号,比雷达和激光探测安全且保密性强,不易被干扰。

4)与雷达相比,电视摄像机体积小、质量轻、功耗低。

5)性价比高。

(3)电视摄像机的分类。

1)按色彩分类。

A. 彩色电视摄像机;

B. 黑白电视摄像机。

2)按输出类型分类。

A. 模拟电视摄像机;

B. 数字电视摄像机。

3)按制式分类。

A. NTSC 制,又称为 N 制;

B. PAL 制,又称为帕尔制。

2. 红外热像仪

所有利用红外辐射成像的技术都是红外成像技术。红外成像技术包括被动红外成像技术和主动红外成像技术。

没有人工红外光源照明、只依靠接收来自景物自身发射的红外辐射信号成像的技术就是被动红外成像技术,其中又包括热成像和短波红外成像两种。有人工红外光源照明、依靠接收景物反射回来的红外辐射信号成像的技术是主动红外成像技术。

所有物体都发射与其温度和表面特性相关的热辐射,热辐射就是红外辐射。室温物体的热辐射集中在长波和中波红外波段。由于决定室温景物表面可见光反射和反射率差的因素,也决定着景物热辐射发射和发射率差,因此,室温景物热辐射通量分布的图像——热图像,可以复现由室温景物表面反射和反射率差所形成的可见光图像的大部分细节,这就是热成像的物理基础。能够摄取景物热图像并将其转换为人眼可见图像的装置,就是热成像系统。目前,文献资料中使用的红外热成像的概念就是热成像的概念,这一概念可理解为红外波段的热辐射成像。

红外焦平面探测器的发展,使人们可以利用环境中普遍存在的 $1\sim2.5$ m 短波红外辐射成像,并且决定室温景物表面对短波红外辐射反射和反射率差的因素与可见光反射率差的因素非常类似,因此,室温景物反射的短波红外辐射通量分布的图像——热图像,同样也可以复现室温景物表面反射和反射率差所形成的可见光图像的大部分细节,这就是被动红外成像的物理基础。同样,能够摄取景物红外图像并将其转换为人眼可见图像的装置,就是红外成像系统。红外成像技术是热成像技术向短波红外扩展的一个新阶段。目前,在一部分文献资料中使用的红外成像的概念已经包括短波红外成像。

短波红外成像技术的发展使红外成像的波段覆盖了长波、中波和短波红外 3 个大气窗口。虽然都是被动成像,但与长波、中波红外波段的成像利用室温景物自身发射的热辐射不同,短波红外波段的成像是利用室温景物反射环境中普遍存在的短波红外辐射。当目标的温度高到能发射足够强的短波红外辐射时,短波红外成像又变成既接收目标自身发射的短波红外辐射,又接收景物反射的短波红外辐射。在成像机理上,与可见光成像一样,红外成像的分类如图 6-4 所示。

图 6-4　红外成像的分类

热成像系统有多种意义相同或相似的名称:热成像、红外成像仪、红外成像系统、红外热成像系统,前视红外(FLIR)等。当热成像系统放置于飞机下方时,有时也称为下视红外(DLIR);当放置于飞机侧面时,则称为侧视红外(SLIR)。

(1)热成像系统的基本功能。

1)扩展了人眼观察的光谱范围。

2)能以很高的灵敏度获得客观世界与热有关的信息。

3)可以昼夜观察景物。

(2)热成像系统的优点。

1)环境适应性优于可见光,尤其是在夜间和不良天候条件下,其探测距离较远并有良好的穿透烟、尘的能力。

2)隐蔽性好,一般都是被动接收目标的信号,比雷达和激光探测安全且保密性强,不易被干扰。

3)依靠目标和背景之间的温度和发射率差形成的红外辐射特性进行探测,识别伪装目标的能力优于可见光,具有良好的反隐身能力。

4)与雷达相比,热成像系统体积小、质量轻、功耗低。

6.2.2　热成像系统在军事领域的地位

从已有应用的情况看,热成像技术已发展成为一个大国国防现代化所依赖的、具有战略意义的一种高新技术。

1. 红外热成像技术是国家安全依赖的主要探测技术手段

使用弹道导弹和远程巡航导弹突击,是现代高技术局部战争作战的主要样式之一。对其早期预警、跟踪、识别和拦截,直接关系国家战略目标的安全。侦察卫星、预警卫星是防御弹道导弹和远程巡航导弹的关键系统,是保护国家安全的战略预警系统之一。此外,资源遥感卫星、气象卫星、海洋卫星对国家经济利益有重大影响,而红外热成像技术是这些卫星上的主要探测技术。

2. 红外热成像技术在军事领域是最重要的信息获取技术之一

红外热成像技术在军事领域中的战略地位是由其使用的广泛性和重要性决定的。目前,武器装备的信息化、隐身化,使红外热成像技术成为最重要的信息获取与探测手段之一。未来高技术局部战争必定是在高强度电子对抗条件下进行的信息化战争,被动探测具有不可替代的作用。当红外热成像系统与信息网络相结合,就获得了战场的单向透明性,也就是战场信息优势,对夺取战斗的主动权和胜利甚至具有决定性的作用。

现在,红外热成像技术已在如下领域得到应用。

(1)陆军应用领域。

1)反装甲:近程反坦克导弹的便携式热瞄具,车载反坦克导弹的热瞄具。

2)防空反导:肩射地空导弹的便携式热瞄具,与高炮、地空导弹结合的分置式红外搜索/跟踪/火控系统,与车载高炮、地空导弹或弹炮结合的一体化红外搜索/跟踪/火控系统。

3)战斗车辆:车长周视潜望镜,炮长热瞄具,夜间车辆驾驶。

4)侦察观察:战场侦察和监控,毁伤评估,无人值守情报站,装甲侦察车辆,单兵夜视。

5)轻武器瞄具:无座力炮、火箭筒、机枪、狙击步枪等。

6)精确制导:反坦克导弹、地空导弹、制导炮弹。

7)光电对抗:车辆、重要目标的防护。

8)机器人:战场机器人的视觉系统。

9)侦毒:远程毒气探测。

(2)海军应用领域。

1)精确制导:防空导弹、反舰导弹、巡航导弹、制导炮弹。

2)红外搜索、跟踪系统。

3)近程防御武器系统。

4)潜艇的光电桅杆。

5)舰炮火控系统。

6)海上巡逻与救援。

7)舰上消防损管。

(3)空军应用领域。

1)精确制导:空空导弹、空地导弹、巡航导弹。

2)固定翼飞机:导航飞行吊舱、转塔前视红外;空中侦察的吊舱、转塔,固定安装的前视、侧视、下视红外;空中搜索和定位、对地攻击吊舱,转塔,固定安装的前视红外;红外行扫描仪。

　　3)直升机:导航飞行转塔前视红外,对地攻击桅杆、机顶、转塔,前视红外。

　　4)无人机:空中侦察的转塔、固定安装的前视红外,对地攻击的转塔、固定安装的前视红外,红外行扫描仪。

　　5)光电对抗:飞机导弹告警系统。

　　(4)航天应用领域。

　　1)卫星红外地平仪。

　　2)侦察卫星的红外相机。

　　3)气象、遥感、资源、海洋等卫星的多光谱成像光谱仪。

　　4)航天光电对抗系统。

　　5)动能拦截器的热成像导引头。

6.2.3　热成像系统的分类

　　红外热成像系统是一种陆、海、空、天共用的军事技术,应用领域很广。正确对其进行分类,有利于在发展红外热成像技术时提供方向性的指导。由于热成像技术发展最为成熟,以下只讨论热成像系统的分类。

1. 按应用领域分类

　　按应用领域的不同,热成像系统可分为:

　　(1)陆军热成像系统。

　　(2)海军热成像系统。

　　(3)空军热成像系统。

　　(4)航天热成像系统。

　　上述系统最主要的差异在于环境适应性和可靠性。

2. 按应用功能分类

　　按应用功能的不同,热成像系统可分为:

　　(1)观瞄/火控热成像系统。此系统主要用于坦克装甲车辆、飞机、舰船、步兵等作战平台的观察、瞄准、火控等应用。

　　(2)热成像制导系统。此系统主要作为空空、空地、地空、反舰、反导、反卫星等武器的制导或末制导子系统。

　　(3)侦察监视热成像系统。此系统主要装备在车辆、侦察机、无人机、卫星等平台上用于侦察、监视等。

　　(4)红外搜索跟踪系统。此系统主要用于地面、车载、舰载防空反导,用于飞机对目标的搜索、跟踪系统。

　　(5)光电对抗系统。此系统主要用于地面、车辆、飞机、舰船、卫星的光电对抗。

　　在实际的产品中,不同工作原理的热成像系统可用于同一类应用,例如,扫描型、凝视型热像仪和红外行扫描仪都可以作为侦察监视热成像系统中的一部分。相同工作原理的热成像系统也可以用于上述不同的 5 个领域,例如,1 台采用 320×256 焦平面探测器的凝视热像仪就可以用于上述5个领域。因此,按照应用功能并不能对实际使用的产品进行区分。

3.按有无光学机械扫描器分类

按是否有光学机械扫描器,热成像系统可分为:

(1)扫描型热成像系统。扫描型热成像系统可细分为二维扫描、一维扫描、微扫描热成像系统。采用线列(如32元)、小面阵(如4×4元)探测器必须进行二维扫描才能获得有足够空间分辨率的热图像。采用240×1、288×4、480×4、576×6、768×8等格式的线列探测器时,只需采用一维扫描(在水平或垂直方向)就能获得达到电视图像画质的热图像。为提高256×128~384×288一类半电视格式凝视热像仪的空间分辨率,可进行2:1的微扫描,能使热像仪输出512×256~768×576像素的热图像,画质接近或达到电视图像。

(2)凝视型热成像系统。采用面阵焦平面探测器不需要扫描就可实现热成像,其特点是探测元与热图像素一一对应。如要求热图像有足够的空间分辨率,面阵探测器探测元数量就必须足够多。一般地,要获得人眼可接受画质的热图像,面阵探测器的探测元数量应在160×120元以上。一帧PAL制式电视图像的像素为768×575,凝视成像需要规格为768×575元的焦平面探测器,半PAL制式电视规格的焦平面探测器就为384×288元。一帧NTSC制式电视图像的像素为620×465,凝视成像需要规格为620×465元的焦平面探测器。为与计算机显示器视频图形阵列(VGA)模式兼容,该规格的探测器定为640×480/512元,半NTSC制式电视规格的焦平面探测器就为320×240/256元。

4.按使用次数分类

按使用次数的不同,热成像系统可分为:

(1)反复使用的热成像系统。

(2)一次性使用的热成像系统。此系统的特点是:工作时间短、储存时间长、成本低、免维护或少维护。

5.按技术特点分类

按技术特点的不同,热成像系统可分为:

(1)观瞄型热成像系统:用于地面、车辆、飞机、舰船等武器平台,对目标进行观察、跟踪和火力控制等。

(2)便携式热像仪:便于士兵携带的,用于侦察、轻武器射击、便携式导弹发射的热瞄具等。

(3)红外搜索跟踪系统:用于对地面、海面和低空飞行目标进行搜索、跟踪、告警。

(4)红外行扫描仪:用于机载对地侦察等。

(5)特殊红外系统:用于卫星等航天器的红外相机和红外扫描仪,以及其他不能划归上述4种的热成像系统等。

按技术特点分类的优点是可以用一套相同的技术指标对各种系统的性能进行比较。

机载光电转塔/热像观瞄具是无人机最常见的基本任务执行单元,无人机的使命主要靠光电转塔/热像观瞄具来完成。图像被存储在录像磁带和数字式视频光盘中,借助热成像仪,无人机可在昼夜和恶劣的天气条件下进行拍照。另外,由于图像是数字式的,所以可通过数据链及时地传递给地面,从而大大缩短了从"发现目标"到"摧毁目标"之间的间隔时间,使无人机从纯粹的战术无人机演变为战略无人机。随着无人机技术的迅猛发展,机载热像观瞄具技术得到了极大的提高,同时,热像观瞄具技术的创新又大大地提高了无人机的作战使用性能。通过热像观瞄具,无人机可对战区进行侦察、监视、目标捕获及识别、目标测距、武器投放的目标指示,以及协助进行作战效果评估、战场障碍物探测、核生物和化学的探测和取样,等等。作为无人机的第一感官的"眼睛",热像观瞄具无疑成为无人机传感器的核心技术之一。图 6-5 所示为美国的"死神"无人机,图 6-6 所示为其机载的热像观瞄具转塔。

图 6-5 美军的"死神"无人机

图 6-6 美军的"死神"无人机机载热像观瞄具转塔

6.2.4 激光设备(激光目标指示器、激光测距仪)

激光测照器的工作原理是:武器系统导弹发射平台发射导弹,当导弹飞行至弹道末段接近目标时,机载激光照射器向目标持续发射预定编码的激光脉冲串,同时保持持续跟踪照射目标,激光脉冲穿过大气射向目标,到达目标的激光脉冲能量被目标表面反射,反向传播在特定的空域形成辐射场,进入导弹上的导引头接收视场,导引头接收目标反射的激光回波,处理后得到导弹飞行误差,弹上计算机按照预定的制导律和控制律控制导弹,不断调整导弹飞行误差,直至最终命中目标(见图 6 - 7)。根据照射和投弹任务执行载机的不同,可以分为本照本投和他照本投。

1.本照本投

本照本投是指载机同时挂装激光弹和激光照射吊舱,投弹和照射由本机独立完成,如图 6 - 7(a)所示。

2.他照本投

他照本投挂装激光弹和挂装激光照射吊舱的飞机不同,投弹和照射由两架飞机配合完成,如图 6 - 7(b)所示。

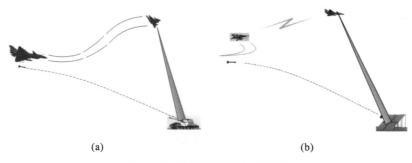

(a)   (b)

图 6 - 7 机载目标指示工作原理
(a)本照本投; (b)他照本投

6.2.5 无人机载雷达(活动目标侦察雷达/合成孔径雷达)

无人机载雷达用于情报侦察、预警、战场监视、目标指示和攻击引导、战场目标毁伤评估等任务,也可担负缉私、环境监测、大地测绘和灾情监视等工作。它具有工作模式多、侦察范围宽、分辨率高;全天候工作,易于隐蔽地实施侦察;体积小、质量轻、成本低等特点。

无人机载雷达有两种类型:第一种是具有动目标显示工作方式的搜索雷达,主要采用下视搜索、边搜索边跟踪两种方式工作,可发现 100 km 内的地面或海上的运动目标,并可同时对上百批目标进行边搜索边跟踪。第二种是合成孔径/地面动目标显示雷达,通过实时高分辨率成像,能连续提供清晰的目标图像,既可探测固定军事目标,又可远距离探测、跟踪地面(水面)运动目标。

无人机载雷达是在小型机载雷达基础上发展起来的。美国、法国和以色列等国家已研制成功多种无人机载雷达,有的已装备部队。例如,美军远程长航时"全球鹰"无人机装备的

HISAR 机载成像侦察雷达,作用距离最远达 200 km,条带方式时的分辨力为 1 m,聚束方式时的分辨力可达到 0.3 m,机上实时成像处理,每秒能发回 50 兆位数据,可以近实时地向地面站发送图像,也能将雷达图像数据直接发往前线地面部队。

在无人直升机监视和侦察的各种手段中,合成孔径雷达与其他手段如光电设备等相比,有以下特点:合成孔径雷达最大的特点是主动,它能够在恶劣的环境或气候条件下实施主动探测,受云、雨、烟雾等外部因素影响小。合成孔径雷达工作在微波频段,获取的目标回波包含了目标在微波频段的反射特性,可以通过这一特点,利用合成孔径雷达对金属目标或其他目标进行探测和识别,提高对特定目标的探测能力和目标识别概率。

合成孔径雷达是一种具有全天候探测能力的高分辨率成像微波雷达。它利用了合成孔径原理,雷达通过搭载的飞行器,沿特定方向、在特定时间内构建出一个虚拟阵列,称为合成孔径阵列,然后在距离向上发射具有大时间带宽积特点的信号,在方位向上利用雷达回波信号的多普勒相位史来进行匹配滤波,同时对回波信号采取脉冲压缩的处理方式,再通过一系列的算法对目标进行二维成像。

机载合成孔径雷达的用途非常广泛,广泛应用于侦察、监视及目标指示设备,特别是在军事领域,搭载于无人机的合成孔径雷达,应用于战略、战术侦察,可以通过穿透丛林等掩蔽环境对目标实施侦察、识别,获取目标方位、动向等各种信息。

6.3　电子战载荷

电子战是运用电磁能来测定、利用、削弱或阻止敌方使用电磁频谱,并保护己方使用电磁频谱的军事行动。电子战载荷用于探测、利用、阻止或削弱敌方对电磁谱的使用。一般电子战载荷既可包括用于电子干扰的任务载荷,也可包括收集雷达信号和通信情报的任务载荷,其包括以下 3 种形式。

(1)电子支援类载荷,目的是截获、定位敌方信号,并对信号进行分析,以支持后续行动。目前,无人机系统常用的电子支援载荷为无线电测向仪。

(2)电子对抗类载荷,目的是阻止敌方使用电磁频谱所采取的行动,通常采取电子干扰的形式。干扰是指采用有意辐射去对抗敌方接收机接收到的信号。通信干扰器、雷达干扰器等都可以集成到无人机中。

(3)电子反对抗(ECCM)类载荷,目的是阻止敌方对我方采取行动。无人机可以采用ECCM 技术来保护其载荷和数据链路。

近年来,随着电子战无人机系统对现代战争影响的逐步增大及无人机技术的不断进步,其有效载荷也随着商用硬件和新型软件结构的进展正在突破以往所遇到的体积、质量和耗电壁垒。今天,不管是通信情报侦察还是电子干扰与攻击,乃至信号情报与电子攻击一体化的有效载荷,都得到了长足的发展。

电子战无人机系统除执行情报侦察任务外,还可执行电子干扰和攻击任务。例如,美国的"联合无人战斗机系统"(J-UCAS)除执行情报、监视、侦察和敌方防空压制外,还能实施电子攻击。美国的一种小型干扰机可在 250 MHz 带宽中产生 50 mW 的干扰信号,在 S 波段中工作 4 h,其总重为 20 g。这种干扰机也许可装在比"黑寡妇"大的任何类别的无人机上飞行。远距离干扰机具有生存力强的优点，但需要大干扰功率和大飞行器。利用无人机可接近目标，提高干扰效率。美国工业部门始终在发展一些供无人机使用的定向能武器的样机，其中包括可由较小的无人机和无人直升机携带的小型大功率微波（HPM）器件。为了便于无人机携带，HPM 器件等定向能武器的质量必须降到 450 kg 以下。

6.4 探 测 载 荷

我国民用和军用核设施繁多，现有辐射监测系统大部分采用固定翼或有人值守飞行系统。面对复杂的辐射环境，无人直升机可进行悬停或者灵活跟踪烟云进行样品采集和辐射监测。

化学探测载荷的目的是检测空气中、地面或水面是否存在某种化学物质。这种检测技术可应用于蓄意散播化学物质以造成大规模杀伤的军事行动或恐怖活动中，也可以应用到涉及有毒、泄露、溢出的化学物质以及由火灾或火山喷发造成的有害化学物质的民用领域中。对于军事行动或恐怖活动的情况，无人直升机系统的任务是向地面站发出警告，以便相关人员展开防护设备以防止或减少伤亡、降低污染，或组织民众留在室内或撤离受化学物质威胁的区域。对于民用情况，无人机系统的任务是进行常规的抽样检查和监视，或者是在发现有大量有害化学物质释放时，及时向人们发出警告。民用领域化学探测典型的应用是森林及灌木带火灾监视。化学传感器有两种基本类型：点式传感器和遥测传感器。点式传感器要求检测设备与化学物质直接接触，即无人直升机系统飞过污染地带，或将传感器投放到待检测的地点，使传感器与化学物质接触，然后直接或者通过飞行器上的中继设备将检测结果发送到监测站。由于无人直升机能够携带传感器飞过有害物质区域，而不需要人员暴露在受污染区域，这使无人直升机成为一种理想的点式传感器检测设备。遥测传感器无须直接接触被检测的化学物质，而是利用化学物质对电磁辐射的吸收和散射情况进行检测和辨认。激光雷达和带有过滤器的前视红外设备可用于化学物质的远程检测。

核辐射传感器可以检测放射性物质的泄漏，或大气中悬浮的放射性尘埃，为预测和发出警告提供数据；也可以检测存储状态的武器或武器生产设施中的放射性特征，以确定核投放系统的位置。

气象信息在军用和民用领域都很重要，大气压力、周围环境的温度和相对湿度是决定火炮和导弹系统性能，以及预测未来天气状况以支撑地面和/或空中军事行动及战术的重要因素。让无人机携带相应的气象传感器到目标地点，结合无人机的飞行速度、高度和导航数据，就能够得到为各种武器系统提供非常准确的工作环境条件的信息图。

6.5 武 器 载 荷

无人机过去主要是执行空中侦察、战场监视和战斗毁伤评估等任务的作战支援装备，正在转向能够携带和施放致命或非致命武器执行压制敌防空系统，对地攻击，甚至可以执行对空作战任务的主要装备。侦察型无人直升机配备武器载荷后，可以及时向地面实时发送检测到的目标信息，提高了侦察信息的时效性和攻击的准确性。武器载荷一般包括航空炸弹、火箭弹、机载导弹等,也可分为对地攻击武器和空空作战武器。装备于无人机的空地武器包括小型空地导弹、航空制导炸弹、航空火箭弹、轻型子弹药等。除无人作战飞机和"捕食者"这种大型无人机外,大多数无人机只能携带轻型空空导弹用于自卫,如美国的"毒刺"导弹。美国的火力侦察兵无人直升机就曾挂载 8 枚"毒刺"空空导弹进行试验。

到目前为止,大多数无人机挂载的武器都是 50 kg 级的"海尔法"和 230 kg 级的 GBU - 12 制导炸弹。"海尔法"导弹具备超声速飞行能力,可大大减少目标规避的机会,同时,它打击精确,产生的附带伤害较少,但对于攻击人员和一般无装甲车辆,其价格过于昂贵。在"海尔法"系列导弹中,AGM - 114R 配用多用途战斗部,能够打击多种目标。它采用全新的惯性测量装置(IMU),能够与发射平台的侧面和后方的目标交战。寻的器经过改进,面对雾霭环境时有更好的性能。针对不同的目标,AGM - 114R 能够优化飞行弹道,提高杀伤效能。一旦因为穿过云层而丢失目标,导弹能够进行目标获取。AGM - 114R 弹长 1.63 m,直径为 178 mm,发射质量为 49.4 kg,其中串联战斗部为 9 kg,以高弹道和射后锁定模式作战时,其最大射程为 8 000 m。

面向无人机应用的制导弹药,首先要尽可能降低弹药质量,从而使平台能够携带尽可能多的弹药。战斗部的小型化意味着弹药打击精度必须有大幅度的提升。就精确制导技术而言,激光制导无疑是最成熟的。在其 40 多年的战术应用中已经证明,这种制导方式可以使弹药的打击精度提升到 5 m 以内。如果进一步增加卫星制导用于弹药的中段导航,那么就可以对弹药飞行弹道进行修正,同时缩短目标照射时间。即便在弹药飞行过程中,激光照射意外终止,弹药也能根据卫星定位数据实施精确攻击。最简单的激光制导导弹是激光制导火箭,有多种型号,大多是在常规无制导火箭弹上附加激光制导控制组件而形成的。较为先进的是英国 BAE 系统公司在"怪蛇 - 70"火箭弹上所设计的先进精确杀伤武器系统(APKWS)。其发射质量为 14.8 kg,长 1.942 m,具有 1 100~5 000 m 的有效射程。2012 年 9 月,BAE 系统公司获得美国海军的合同,为格鲁曼公司的 MQ - 8B"火力侦察兵"无人直升机加装 APKWS 系统(见图 6-8)。该机起飞质量为 1 430 kg,每架可携带 2 个 3 联装 APKWS 发射器。

图 6-8　"火力侦察兵"无人直升机挂载武器

6.6 航空测绘设备

航空测绘是一种以大气层内的飞行器为测量载体的对地测绘手段,其测绘对象是地面物体的位置关系,目的是通过航空拍摄获得的数据来绘制大地坐标,其通常采用的方法是航空摄影测量。航空摄影测量是在飞机上利用航摄仪器对地面进行连续拍摄,绘制地形图的过程。传统的航空测绘方法是利用地面控制点,通过空间加密反求光束的外方位元素,这种方法过于依赖地面条件,存在很大的限制。同时,测量工作量和成本占用比例较大。随着生产发展的需要,各测绘部门先后组建了航测机构进行航空测绘业务,大比例航测成图技术的应用,在各测绘部门得到了广泛的推广。数字航摄仪(DMC)是专门用于高精度航空测绘的数字相机系统,和胶片相机相比,DMC 具有明显的技术突破。DMC 能够满足小比例和高分辨率大比例的需要,地面分辨率能够达到 5 cm,它能够适应不同光线条件环境,以不同的曝光时间进行曝光,保证了测绘影像的质量。

航空遥感又称机载遥感,是指利用各种飞机、飞艇、气球等作为传感器运载工具在空中进行的遥感技术,是由航空摄影侦察发展而来的一种多功能综合性探测技术。遥感作业依据飞行器的工作高度和应用目的,分为高空(10 000～20 000 m)、中空(5 000～10 000 m)和低空(<5 000 m)3 种类型,具有机动、灵活的特点。现代航空遥感已成为对地观测系统的重要组成部分,在灾害应急响应监测、高精度地表测量、矿产资源探测等领域发挥着无可替代的作用。遥感方式除传统的航空摄影外,还有多波段摄影、红外摄影、多波段扫描和红外扫描、侧视雷达等成像遥感;也可进行激光测高、微波探测、地物波谱测试等非成像遥感。航空遥感所用的传感器多为航空摄影机、航空多谱段扫描仪和航空侧视雷达等。由航空摄影机获取的图像资料为多种形式的航空像片,如黑白片、黑白红外片、彩色片、彩色红外片等。由航空多谱段扫描仪可获得多光谱航空像片,其信息量大大多于单波段航空像片。航空侧视雷达从飞机侧方发射微波,在遇到目标后,其后向散射的返回脉冲在显示器上扫描成像,并记录在胶片上,产生雷达图像。我国在高精度轻小型航空遥感、无人机遥感、高效能航空SAR 遥感等领域自主研发了先进、实用的可见光、红外、激光、合成孔径雷达等航空遥感传感器,打破了国外的技术垄断和技术壁垒,研发出了一系列适合我国国情的硬件、软件产品,形成了独具特色的全国航空遥感网,并在测绘、地矿、农业、水利、环保、交通、减灾、军事以及重大工程建设中发挥出重要作用。目前,测绘科技日新月异,各种专业的地理信息系统(包括环境地理信息系统)相继建立,传统的测绘产业正在向现代地理信息产业转变。

6.7 其他载荷

植保无人直升机具有可垂直起降、定点悬停、精确回收、长航时、载药量大等特点,对起降场地要求较低,具有良好的环境适应性和灵活性,可挂载多种传感器与药物喷洒设备,用于水稻、小麦、玉米、棉花等大田作物,也适用于果树等林果作业,适用于平原、丘陵、山地等多种地形的作业任务。用于植保的喷洒系统主要包括喷洒控制器、药箱、喷杆等。

无人直升机可搭载的应急设备包括喊话器、探照灯、灭火弹、物资投送吊挂等。

6.8　小　　结

集成多种任务载荷,是未来发展的方向。例如,"火力侦察兵"无人直升机可选的有效载荷就包括多种:轻型鱼雷、电子战信号情报系统、可利用异频雷达收发机进行舰艇识别的自动识别系统,以及应对化学、生物和核威胁的特殊有效载荷。

7.1　概　　述

地面保障与维修系统的功能主要是随系统装载和运输维修与保障仪器、设备和必备工具等,配备技术说明书和使用维护说明书等,为无人机系统的操作使用、状态测试和维修保养等任务提供支持。随着现代新技术在无人机上的广泛应用,无人机的作战能力显著提高,重视和发展无人机系统及技术,将为未来战场提供强有力的支撑和最小化的损失。无人机系统的发展非常迅速,作战方式日趋复杂,要提高无人机系统的作战效能,还需对其维修保障设备提出更多新要求和新的发展方向。地面保障与维修系统用于完成无人机系统故障检测维修、勤务保障、转场运输等功能,其关乎无人机装备的保障效率和维修经济性,对无人机系统战斗力生成和发展具有重要的意义。

7.2　综合保障技术

无人直升机系统综合保障技术是无人直升机系统研制过程的重要组成部分,是指在无人直升机系统全寿命周期内,为满足系统战略完好性要求,降低寿命周期使用费用,进行保障性设计,及时提供无人直升机系统所需的保障而进行的一系列的技术活动。无人直升机系统的综合保障要素主要包括人力和人员、供应保障、保障设备、保障工具、技术资料、训练与训练保障、保障设施、包装/储存和运行保障等。

综合保障设计主要包括无人直升机使用保障和维修保障,要考虑无人直升机系统的使用流程、维修保障体制的规划、基层级维修和基地级维修主要的工作内容。基层级维修主要内容是无人直升机系统的维护、保养、通电检查、周期性工作、故障的排除、航线可更换单元(LRU)部件的更换等。基地级维修主要由修理厂及承制单位完成,主要内容包括无人直升机、发动机等的大修、翻修等工作。维修保障体制也可以灵活设置,不同种类的无人直升机系统根据其所属部队、任务和各级维修机制综合考虑采取两级或三级维修。海军无人直升机系统采用基层级(舰基)、中继级和基地级三级维修方式更为合适。

使用保障方案是指装备使用保障工作的总体描述。使用保障方案应包括装备使用的一般说明(如装备的使用环境条件、使用强度等)、使用保障的基本原则(如装备使用中要求集中保障还是分散保障等)、战时和平时使用保障的一般要求,还应包括动用准备方案、使用操作人员分工和主要任务、使用人员的训练和训练保障方案、检测方案、能源和特种液补给方案（包括燃料、润滑油、冷却液、电源、气源等的种类及其储存、运输、加注、补充方案）、弹药准备和补给方案、自救与拖救方案、运输方案、储存方案和特种条件下的使用方案等。

维修保障方案是指装备采用的维修原则、维修级别、各维修级别的主要工作等的描述。

维修原则也称维修策略，它规定装备及其设备的预定修理程度，它既影响装备的设计要求，又影响对维修保障系统的要求。维修原则可以要求某种产品设计成在基层级或中继级是不修复的、局部可修复的或全部可修复的。维修策略的选择除产品的经济因素外，很大程度取决于系统的使用要求。例如，系统的使用要求可能规定一个非常短的平均停机时间，只有提供快速修复的能力，才能满足这样的要求，往往选择更换部件的维修策略。

维修级别的划分，就是维修机构的分级设置和维修任务的分工。维修方案要对维修级别做出规划，明确各维修级别需承担的维修任务。通常，维修级别分为基层级、中继级和基地级三级，也有只分基层级和基地级两级，根据部队编制、任务和各级维修机构的能力确定各维修级别的任务。

各维修级别的主要工作涉及装备维修原则及维修保障条件，如基层级承担不用复杂专用工具、设备的维修（保养、检查、更换失效零部件），中继级可承担复杂部件的更换和需要专用检测设备的定期检测等，基地级可承担全部修复件的修复和装备的翻修（大修）。维修级别可以根据类似装备的维修历史数据并结合新装备的特点分析而定。

维修方案中还包括维修类型的划分，一般分为计划维修和非计划维修，或分为小修、中修和大修以及修复性维修等。

在维修方案中还可包括维修环境条件，主要是指对维修设施的要求和限制，如使用基地的设想、各维修级别的场站条件、维修备件和消耗品的配置方案、期望的气象条件等。

无人直升机系统的维修一般采用预防性维修和修复性维修相结合的策略。预防性维修主要包括计划性的定期检查和大修、寿命件的控制等。

7.3　运输保障系统

运输保障系统主要由底盘、方舱、随车吊、加注设备、无人直升机地面运输轮、液压尾板等组成。

底盘是整个系统的运载平台，为了使系统具有良好的机动性能，应结合系统使用要求进行选型。底盘选型时需注意：底盘装载质量应在其规定的范围内，车架长度符合其上装方舱长度尺寸，整车轴荷分配及质心位置应符合车辆安全行驶要求，后悬应适合安装液压升降尾板和调平千斤顶，等。

我国大型汽车企业如一汽、东风、陕汽、重汽等厂家都在生产各种军用车辆。图 7-1 为一汽解放 MV3。军用重载特种车辆是军队装备的重要后勤保障车辆，并作为各种常规及战略武器的运载/发射平台，是中国现代国防设备中重要的组成部分。目前，我国生产的重型军用特种车辆主要有汉阳特种汽车制造厂的重型车系列、包头北方奔驰重型汽车有限责任公司的北方奔驰系列、中集车辆（山东）有限公司的铁马系列、万山特种车辆制造厂的军车系列、泰安特种车制造厂的军车系列等。这些生产厂家技术上各有所长,是我国军用特种车辆发展的代表。

图 7 - 1　一汽解放 MV3

　　方舱是用于飞机的储存、运输的载体,为了使铁路运输不超限,将装载飞机的车厢设计为可与底盘分离的方舱结构形式。方舱采用大板式结构,根据飞机的机身、机翼尺寸需要确定方舱的外部尺寸。方舱后增加液压尾板用于升降无人直升机,按使用需求配置加注油设备提升无人直升机系统的野外使用能力。在方舱的内部设计相应的装置用于储运一架或多架无人直升机,以及相应的保障工具、设备、备件和任务设备。

　　军用方舱是装载军事设备和人员并提供所需要的工作条件和环境防护的由夹芯板组装成型的可移动厢体,适合作为武器装备系统、指挥通信中心、技术支援和后勤保障装备以及各类军事装备和人员的装载体和工作间。它广泛应用于指挥、控制、侦察、探测、通信、电子对抗、机要、文化宣传、动力电站、检测试验、维修保养、备件储运、抢救、勤务作业、气象、计量、军需、医疗卫生、野营生活等各个领域。图 7 - 2 为用于后勤保障装备方面的维修保障方舱。

图 7 - 2　维修保障方舱

我国从20世纪70年代末开始了对方舱的调研工作,于80年代初开始研制方舱。1982年,原电子部国营第4192厂研制出了我国第一台骨架式F4方舱,由此之后,我国开始了自行设计、生产方舱的历史。1989年,原电子部第705厂研制出了第一台大板式方舱。到目前为止,军用方舱的研究和应用已走过了近40年的历程。和40年前的方舱技术相比,现在的方舱技术已更加完善,应用范围也更加广泛,并且在地面装备发展建设中起着不可替代的作用。所以说,军用方舱的发展历程是一个从低级向高级,从小到大不断发展、不断完善的过程。

1.方舱的定义

方舱是一种"有一定防护能力的、可运输的箱式工作间,可为人员和装备提供适宜的工作环境,便于实施多种方式载运的独立舱室"。它作为武器装备系统、指挥通信中心、技术保障器材以及各类军事人员的装载体和工作间,被广泛应用于各军兵种。随着方舱应用范围的不断扩大、技术的不断发展,愈发体现出方舱标准化的重要性。它应该:具有一定的刚度、强度和使用寿命,能作为独立的工作间使用,并为人员和设备提供适宜的生活和工作环境;适用于多种运输方式;具有快速装卸的功能。

2.方舱的分类

经过40多年的探索和应用,方舱的使用功能不断增加,从刚开始时只能装载一般的军事装备到现在使用范围基本包含了厢式车的所有功能,而且在进一步向更高的层次发展,例如高屏蔽方舱、隐身方舱、防弹方舱、防爆方舱等。

按照使用功能,方舱可分为四类:电子类、机械类、电源类和其他类。

(1)电子类方舱:主要包括侦察方舱、微波通信方舱、数据通信方舱、干扰站方舱、引导端方舱、指挥控制方舱、雷达控制方舱(见图7-3)、信息处理方舱、情报处理和信息采集方舱、光电干扰方舱、图像传输方舱、中心站方舱、气象方舱、检验方舱、测控方舱、机要方舱、演示方舱、监控方舱、试验方舱等。

图7-3 雷达控制方舱

（2）机械类方舱：主要包括油料装备修理方舱、飞机抢修方舱、检测维修方舱、侦察车维修模拟训练方舱、野战维修方舱、机动站装车方舱、机动维修设备方舱、雷达设备方舱、舰船器材机动保障方舱等。

（3）电源类方舱：主要包括 24 kW 电站与车辆改装方舱、12 kW 电站主机方舱、对空情报雷达配套电站方舱（单机组和双机组）、75 kW 电站方舱和其他类电站方舱等。

（4）其他类方舱：主要包括战役快速支援卫勤保障方舱、弹药运载方舱、训练设备方舱、通用气源方舱、主/副食加工方舱、野战炊事方舱、医疗卫生方舱、文化宣传方舱、器材储运方舱、生活保障方舱、速冻冷藏方舱等不属于上述 3 种用途类别的军用方舱。

7.4　地面保障设备

7.4.1　保障设备的定义

无人直升机系统保障设备包括保障无人直升机、地面控制站、任务设备、测控传输系统、综合保障系统的使用和维修所需的各种设备、检测仪器和工具，以及它们本身的使用保障条件。保障设备对无人直升机系统的使用维修非常重要，一般，保障设备和系统同步进行设计和研制。应尽量减少保障设备的数量，尽量做到综合化，使一种设备具有多种功能。保障设备的项目应通过各分系统及机载设备的使用、维修工作进行详细的任务分析，以可靠性为中心的维修分析和修理等级分析，以确定所需的保障设备项目、数量、主要性能和技术指标、技术要求等。

7.4.2　保障设备的分类

按保障设备是否通用可分为通用保障设备和专用保障设备；按维修级别可分为基层级维修保障设备、中继级维修保障设备和基地级维修保障设备；按保障设备的功能可分为支撑、顶起、吊挂设备，系留、阻拦保障设备，牵引拖拽保障设备，安装、拆卸、分解组装保障设备，充、加、挂保障设备，运输、储存保障设备，清洗、润滑保障设备，检查、测试保障设备，调整、校准保障设备等；按保障设备的订货管理可分为随机保障设备和推荐订货保障设备。无人直升机常用的地面保障设备主要包括地面保障电源、无人直升机转运装置、综合测试设备等。地面保障电源主要用于无人直升机维修保障时的供电。

7.4.3　测试设备

现代两级维修最为显著的特征是在基层级，维修人员利用机上 BIT 和便携式维修辅助装置等技术将系统故障隔离到 LRU，然后更换完好的 LRU 备件，恢复系统工作，将故障 LRU 送修的同时向最近的基地发出备件请求，在基地级维修人员利用各种类型的自动测试设备将 LRU 的故障隔离到车间可换件（SRU）或元器件级，然后进行修理，并将修复后的 LRU 作为备件储存到基地级仓库。测试设备主要用于无人直升机日常维护工作中对无人直升机进行状态监测和故障隔离。

便携式故障诊断的概念包含三层内容，分别是故障的概念、故障诊断的概念以及便携式故障诊断的概念。我国的有人驾驶机一般依托机场场站开展保障工作,而我国大部分无人机的使用方式是在没有机场为依托的野战条件下使用,这就导致无人机系统只能依靠随装配发的保障设备进行野战保障。为了满足野战保障需求,提高保障效率,能够在尽可能不拆解无人机或在无人机运行状态下实现检测故障的目的,提出了便携式故障诊断的概念。便携式故障诊断的概念是指基层级维修人员使用随系统配发的方便、易携带的小型检测设备,对无人机系统进行故障检测,对检测到的功能故障(产品不能执行规定功能的状态)定位后,采取更换外场可更换单元的方法实现故障修复,保持无人机系统装备的战备完好性。基于便携式故障诊断的概念研发出来的用于检测无人机故障的设备就是无人机的便携式故障测试设备。

无人机系统使用的便携式故障测试设备由硬件和软件两部分组成。硬件是指维修操作人员使用的采集分析显示终端设备,它通过电缆与无人机的检测接口连接。无人机本体已安装的各种不同类型的传感器将实时采集到的各个分系统的各种特征信号通过无人机已有的电缆线路传输到检测接口,输出显示到便携式故障诊断仪的硬件部分。便携式故障测试设备的软件部分不仅是指维修操作人员与硬件之间的接口界面,还包含为解决故障问题所编写的应用程序及相关数据库,包含描述程序功能需求以及程序如何操作和使用所要求的文档。

无人机系统便携式故障测试设备应由一套用于分析处理数据的主机系统和配套诊断模块组成,采用模块化设计,通过更换不同分系统诊断模块,可分别诊断飞行器发动机部分以及飞行控制与导航、测控与信息传输分系统等主要分系统。便携式故障测试设备通过数据线与无人机(或无人机系统的单个设备)预留的检测端口连接,通过便携式故障测试设备的主机系统发送检测指令,在主机系统上显示反馈的故障代码,根据故障代码可以确定故障原因,并能定位至导致故障出现的外场可更换单元,通过更换故障外场可更换单元完成快速排故抢修任务。也可以将检测设备进行集成,将相关分系统不同厂家的检测设备集成到同一个检测平台上,或者是将不同分系统的检测平台组成一个综合的检测平台。

7.4.4　健康管理系统

健康管理系统利用故障预测与健康管理技术(PHM),基于传感器采集无人直升机相关系统的数据,利用神经网络、专家系统等推理算法,对无人直升机系统的健康状况进行评估,并基于评估结果对将要发生的系统故障进行预测。传统的直升机设备测试方式、定期检测体制,不能保证在第一时间获知故障预发生概率,严重影响了设备的可用性,降低了其使用效率。在直升机复杂应用环境(如山区、海上及沙漠)下,设备关键部件寿命会受到环境条件的严重影响,其状态或寿命会严重偏离常态下的正常值。同时,现有直升机设备由于受测试信息、测试手段、评估方法等因素的限制,在使用周期内,其过程寿命或剩余寿命难以预估,导致不能根据其寿命情况进行有效准确的修理和维修决策。

无人直升机系统的健康管理系统可以采集旋翼系统、航电系统、传动系统、发动机等系统信号,实时获取相关参数,一般包括以下功能:①状态监测和性能测试功能。能够完整准确地描述相关系统的运行状态。②故障检测和故障隔离功能。当相关系统出现故障时能够迅速、准确地对故障进行定位,确定发生故障的部件,并将信息保存起来,为故障预测和健康管理提供支持。③故障预测功能。根据状态监测数据及系统功能性能测试结果,结合故障诊断定位信息和故障预测模型,对今后一段时间内可能出现的故障进行预测。④健康管理和部件寿命追踪功能。在预测到相关系统将要发生故障时,采用预先维修和维护的方法,将传统的事后维修转变为视情维修,在故障发生之前采取相应的保障措施,当无人直升机性能有所下降(亚健康状态)时依然能够执行作战任务。

无人直升机健康管理系统一般由机载系统、地面系统组成,其中:机载系统由多功能数据采集处理单元、传感器和线缆组成,地面系统一般由便携式数据终端、测试模块和线缆组成,硬件上实现与无人直升机相关系统的互联互通。

7.5 备品备件

备品备件的作用是保证换件维修时有件可用,保证无人机系统战斗力的形成与持续。备品备件的组成越合理,越贴近实际需要情况,就能越好地完成综合保障的任务,就能达到无人机系统全寿命周期内备品备件的低费用、高保障能力的目的。

无人机的各组成项目,根据其维修特点可分为两大类:不可修复项目和可修复项目。不可修复项目是指那些不能够修理或不宜重复使用的项目,一旦损坏即作报废处理,如螺栓、螺母、销子、垫片等,这类不可修复项目通常是大量的。可修复项目包括发电机、飞控计算机、舵机等。

备件因不可修复项目和可修复项目而分为两大类:消耗性备件和周转用备件。对于不可修复项目,其备件及备件供应的目的在于替换使用过程中报废的机件和补充在维修过程中消耗掉的备件,以保证这一类项目的维修和持续使用。对于可修复项目,其备件的主要作用是替换在维修过程中的故障产品,以使无人直升机上的这类产品一旦故障,可立即进行有效的更换,而不必因为等待故障件的修复造成无人直升机恢复的延误。

备件是指维修装备及其主要成品所需的元器件、零件、组件或部件的统称,包括可修复备件和不修复备件。可修复备件是指故障或损坏后,采用经济可行的技术手段修理,能恢复其原有功能的备件。不修复备件是指故障或损坏后,不能用经济可行的技术手段加以修复的备件。消耗品(件)是指装备在使用与维护中消耗掉的的物品(件)。有寿件是指规定了预防性维修更换或报废期限及可以预计使用寿命的部件。初始备件是指在装备形成战斗力的初始保障时间内,装备使用与维护所需的备件。后续备件是指装备已形成初始战斗力且订购方已具有备件保障能力后,在规定时间内装备使用与维修所需补充的备件。

根据过去类似装备的使用情况和所积累的历史数据,可得出所需备件的项目和数量,但对于历史数据不足或无经验可借鉴的情况下,可以考虑采用以可靠性和维修性为基础的分析方法,来初步确定所需的备件项目和数量,后续随着产品投入使用,可逐步修改和完善,使之更加符合实际。随机备件是随无人直升机系统一起交给用户的备件项目,一般地,其成本打入产品价格。随机备件的项目以易损、易耗的零部件为主,确定随机备件的数量一般以满足在保证期内的使用为原则,另外,确定随机备件的数量时还应考虑到成本、价格等因素。推荐订货备件主要应以满足基层级和中继级维修所需的备件为主,可以以机群使用 3 年的需要量来编制。

7.6　模拟训练系统

无人直升机作为新出现的武器装备甚至成为主力作战平台。如何适应未来战争需要，针对不同作战任务、不同战场环境，创新相应的作战形式；如何充分发挥其装备特点性能，融入联合作战各个环节；如何按照"练为战"的原则组织训练，是无人直升机作战部队战斗力生成急需研究解决的问题。无人直升机模拟训练系统运用仿真技术，能够构设虚拟战场环境，仿真无人直升机及其任务载荷的功能和性能，为无人直升机作战研究，带战术背景无人直升机模拟战术训练以及参与军事综合演练提供了技术条件和方法手段。

无人直升机模拟训练系统一般有两种形式：一种是与上位系统互联互通，能够接收上位系统发出的指挥、控制命令和数据，对无人直升机系统进行模拟仿真，并向上位系统发送无人直升机、任务载荷等装备的工作状态参数、飞行轨迹、场景、探测图像等信息，共同完成相关作战、训练、研究任务；另一种是自组织战术模拟训练，具备完整导演调理、指挥控制、情报分析、无人直升机操控、任务载荷操控等战术模拟训练要素，能够为无人机作战单元组织实施战术模拟训练提供条件。

无人机模拟训练系统主要用于无人机系统的操控人员的上岗培训和日常训练。它为无人机系统性能有效地发挥起着重要作用。美军无人机模拟训练系统将模拟训练作为部队人才培养中的重要环节。为了满足繁重的训练任务，同时又要保证训练质量，美军在无人机培训院校建立了许多模拟训练教室，每年的飞行训练中，模拟训练所占比例高达 80%。通过模拟训练，可使无人机操作人员的培训达到"岗前预实践"的目的。

无人机模拟训练为最大程度地利用最新高技术、高保真的仿真系统提供了真正的机会。例如，有人驾驶作战飞机使用寿命的 70%～90% 是和平时期的训练飞行所消耗的，而无人作战飞机(UCAV)的作战使用训练则是以在虚拟仿真环境中进行为主、少量实物飞行训练为辅的，在真实任务期间操作一个控制台与仿真之间的差别非常小。这样对模拟训练提出了更大需求和更高要求，必须研制和采购能复现 MCE、LRE 和 GCS 功能的模拟器。UAV 模拟器可以缩短训练时间、减小训练风险，特别是在初始飞行训练操作中，效果更为明显。从美军"捕食者"ACTD 获得的经验教训突出了长航时 UAV 项目与模拟器同步采购的需求。

7.6.1　系统功能

系统功能是指系统为实现预定目标和满足特定使用需求所表现出的特有作用和能力。无人机操控人员主要包括无人机飞行控制人员、任务设备控制人员、飞行指挥员、链路监控员等，这几类人员在执行作战任务时，相互之间的协同配合非常重要。因此，无人机模拟训练系统应既能满足单行技能训练，又能支持上述人员的协同训练。系统应具有以下主要功能。

1.飞行操纵功能

模拟训练系统的飞行操纵系统功能应与被模拟无人直升机系统飞行操纵功能一致，一般应包括飞行任务规划、飞行操纵、告警提示、飞行记录回放、测控定位跟踪操作等功能。

2.任务设备操纵功能

无人直升机系统任务设备有侦察设备、校射设备、目标定位/指示设备、技术侦察设备、电子对抗设备、通信中继设备、靶标设备、信息记录与处理设备。模拟仿真系统中,任务设备操纵系统功能应与被模拟无人直升机系统任务设备操纵功能一致,一般包括目标识别、目标定位、跟踪及引导、参数设置及模式切换、伺服控制、信息收集与处理、发射与投放等功能。

3.视景仿真功能

模拟训练系统视景仿真系统一般由图形生成系统、图形数据库系统、图形显示系统三部分组成。视景仿真功能主要是为使用人员提供无人直升机所处环境视景及任务设备观测图像,产生和显示无人直升机起飞、悬停、飞行、进场、着陆以及任务设备观测图形的视觉信息。

视景仿真系统包括云、雨、雪等图像的生成,模拟典型的地形特征包括田野、道路、河流、湖泊、海洋、山地等景象。起降场地及附近内容模拟包括无人直升机停机坪、跑道、滑行道、坡道的表面特征和标志,着陆区域的场地照明灯光,起降场地周围景象(如树林、建筑等)的模拟,起降场地附近的气象模拟。

4.战场环境仿真功能

战场环境仿真功能能够依据作战想定(剧情)加载地理信息、地景、工事设施等,仿真气象、电磁环境,构设贴近实战的数字化仿真战场环境,为无人机系统模拟器的其他仿真模块提供环境变量输入,同时,能够在运行过程中,根据导调控制模块的环境调理数据,动态改变气象、时间、电磁等环境要素。

5.监控与教学功能

模拟训练系统的监控与教学系统应为教员提供训练大纲要求的所有训练课目的设置,教员应可对训练过程进行控制和监视,可对学员训练情况进行讲评。监控与教学功能一般应包括训练课目设置、训练方式设置、训练背景设置、综合环境设置、故障设置、训练过程控制、训练过程监视、训练讲评、训练档案管理等功能。

6.训练设置功能

训练设置功能能够拟制、加载作战想定,实时掌握作战情况,控制训练进程,动态设置作战条件(包括战场地理环境、天气环境、复杂电磁环境,双方兵力部署,战场态势等),合理诱导训练进程,适时调理作战行动,确保达成训练目的。

模拟训练系统应具有训练背景、昼夜、气象环境、电磁环境等的设置功能。在产品规范中应规定训练背景设置的内容和要求,一般包括:

(1)作战任务设置;

(2)作战样式设置;

(3)作战目标设置;

(4)作战区域划分;

(5)起飞和回收场地设定。

模拟训练系统应具有故障设置功能,故障种类应与被模拟无人直升机系统一致。在产品规范中应规定故障设置的内容和要求,一般包括:

（1）故障类型；

（2）故障出现的条件及时间。

7. 训练过程控制功能

模拟训练系统应具有训练过程控制功能。在产品规范中应规定训练过程控制的内容和要求，一般包括：

（1）训练开始/停止控制，教员可方便地控制模拟训练系统的运行与停止；

（2）训练冻结/解冻控制，教员可通过冻结所有系统参数的方法中断或暂停模拟训练，通过解冻的方法从冻结时刻的状态继续进行模拟训练；

（3）重新设置，教员可把模拟训练系统返回至某一设置状态；

（4）综合环境注入，教员可在训练过程中改变综合环境设置；

（5）故障注入，教员可在训练过程中设置故障。

8. 训练过程监视功能

模拟训练系统应具有训练过程监视功能。在产品规范中应规定训练过程监视的内容和要求，一般包括：

（1）视景图像显示，教员可从任意视点观察无人直升机图像；

（2）飞行轨迹显示，教员可查阅无人直升机飞行轨迹；

（3）飞行操纵显示，教员可查阅飞行操纵界面；

（4）对模拟操作舱的监视摄像信息。

7.6.2　模拟训练系统硬件组成

模拟训练系统硬件一般包括训练控制席、情报分析席、飞行控制席、任务载荷控制席，以及系统仿真与数据服务区的系统仿真服务、视景仿真服务、数据库服务和数据综合管理终端等。

（1）训练控制席包括部署导调控制命令接收、导演调理、战场态势监控、无人机兵力监控、指挥控制等功能模块。在外控工作状态下，负责加入外部系统，监视外部系统指令，查看无人机和载荷工作状态、战场态势等；在自组织战术模拟训练状态下，负责加载任务设定，控制训练进程，查看无人机和载荷工作状态、战场态势，调理战场环境、红蓝兵力等作战要素。

（2）情报分析席负责获取无人机传感器、任务载荷探测情报信息，并对信息进行分析判读，向外部系统或指挥人员上报情报信息和情报分析成果。

（3）飞行控制席包括部署任务规划、无人机状态监控、无人机飞行控制等模块，负责无人机任务规划和飞行控制等职能。

（4）任务载荷控制席包括部署任务载荷状态监控、任务载荷操作控制等模块，负责对任务载荷的操作控制。

7.6.3　模拟训练系统软件组成

模拟训练系统（见图 7-4 与图 7-5）用于构设虚拟战场环境，具体分为视景仿真软件和教练机软件。

图 7 - 4　机场模型

图 7 - 5　飞机模型构建加载

（1）视景仿真软件。视景仿真软件主要用于三维视景仿真控制与显示，主要功能包括：①利用卫星图片和高程数据渲染生成三维仿真场景，并载入视景仿真训练系统中；②根据需求建立典型军事目标库和移动军事目标；③控制视景仿真软件与其他软件通信接口管理；④接收数据管理软件发来的无人机遥控数据帧，根据飞机飞控数字模型解算飞机位置姿态速度数据；⑤接收数据管理软件发来的无人机遥控数据帧，根据任务平台数字模型解算任务平台状态信息，并将任务平台状态信息及载荷观测视场范围内的场景图像发送至数据管理软件。

（2）教练机软件。教练机软件主要用于训练课程的任务发布与控制，主要功能包括：①用户权限管理；②设置与视景仿真软件通信接口管理；③设置选择可模拟作战与训练的地图环境；④选择建立战场虚拟目标模型；⑤设置训练科目与任务；⑥对操作员训练操作进行评价打分。

第8章 无人直升机系统的发展趋势

随着无人直升机在不同领域的应用,市场对无人直升机的发展也提出了不同的要求,无人直升机的发展趋势主要有以下几种。

1. 大型化

无人直升机可以不用考虑飞行员长时间驾驶的生理限制。长航时、远航程的无人直升机作战半径更大,更符合军方需求,特别是在执行侦察、通信中继、边境巡逻、纵深攻击等任务上,可以发挥更大作用。在起飞质量一定的情况下,任务载荷大,就可以扩大无人直升机的任务范围,从而提高无人直升机的任务执行效率和经济效益。长航时无人直升机可在侦察、通信中继、边境巡逻等军/民用任务中发挥更大的作用。长航时、远航程、大载荷无人直升机系统是未来无人直升机系统发展的重要方向。

2. 隐身化和高生存力

无人直升机显著的缺点在于其速度小、飞行高度低,在军事应用中容易被地面单位发现并击毁,战争中暴露出损耗率高、生存力低的问题。因此,隐身性能是决定无人直升机战场存活率的重要性能。

为了达到雷达隐身、红外隐身和声隐身等隐身效果,各国都在积极从气动外形、复合材料以及设备等方面着手,积极优化无人直升机的隐身能力,以增强其生存能力。

3. 多用途、高智能化

无人直升机的操纵和控制本身就是一个技术重点和难点,而且随着战术的演变,无人直升机需要完成的任务将会更复杂多变,因此会对无人直升机的智能化和用途提出更严格的要求。随着电子技术、信息技术的发展,发展多用途、智能化程度高、具备态势感知能力、操纵简单有效的无人直升机已经成为必然趋势。不断提高智能化水平和自主飞行控制能力,具备故障隔离/排除故障、自动航路规划等智能控制能力,可以应对复杂的任务需求,提高对战场的适应能力。

4. 尺寸多样化,群飞和多机协同控制

无人直升机系统进行了高度的集成化,可以提高其机动性、生存力。随着微电子技术的发展,给无人直升机向着缩小尺寸发展提供了可能,比较典型的如 PD - 100(黑黄蜂),机长约 10 cm,高约 2.5 cm,重 18 g。为了满足不同任务需求,无人直升机不得不设计具有多种尺寸级别,逐步形成大、中、小、微型无人直升机搭配的合理结构,从而更好地满足未来作战需求。此外,近些年兴起的群飞和多机协同控制,可以让无人直升机做到多机信息共享,从

而执行更为复杂的任务。

2005年8月,美军颁布了《无人机系统路线图(2005—2030)》。该路线图表明,美军今后将大力开发无人直升机,可以预见,美军无人直升机的研制将步入正轨并快速发展,这也正是美国各大直升机公司纷纷涌入无人直升机领域的主要原因。无人直升机作为一种重要武器装备,纵观历史,国外无人直升机发展趋势在创新构型、提升任务载荷和续航能力之外,还具有其他特征:一是以信息支援任务为中心,作战任务进一步扩展,最终形成侦察、攻击任务综合一体化的无人直升机;二是无人机系统研制由"以平台为中心"向"以任务为中心"转变,充分考虑作战使用的特殊要求;三是多元化、协同化,同一场景下多机、多设备协同,应用场景更加多元,不同应用场景下的多元化专业服务(维修保养、培训、金融保险、大数据服务等)将成为重要增长点;四是具备执行多任务的作战能力;五是采用钛合金、复合材料、模块化设计等新材料和新技术。

参 考 文 献

[1] 王海,徐国华.无人驾驶直升机的研究现状和发展趋势[J].直升机技术,2003(2):45-49.

[2] 贺天鹏,张俊,曾国奇.无人直升机系统设计[M].北京:国防工业出版社,2016.

[3] 彭延辉,徐国华.无人驾驶直升机的技术发展及其关键技术[J].飞行力学,2004(1):1-5.

[4] 刘波,张洪涛,管明森.无人直升机技术的发展[J].舰船电子工程,2011,31(3):18-21.

[5] MARSHALL D M,BARNHART R K,SHAPPEE E,et al.无人机系统导论:第2版[M].刘树光,张文倩,王柯,等译.北京:国防工业出版社,2022.

[6] 周建军,陈超,崔麦会.无人直升机的发展及其军事应用[J].航空科学技术,2003(1):38-40.

[7] 王细洋.航空概论[M].北京:航空工业出版社,2006.

[8] 中国民航管理干部学院,浙江建德通用航空研究院.中国民用无人机蓝皮书:中国民用无人机年度发展研究报告:2021[M].北京:中国民航出版社有限公司,2020.

[9] 刘志超,石章松,吴中红,等.舰载无人直升机的现状和应用展望[J].舰船电子工程,2016,36(12):1-4.

[10] 孙毅.无人机驾驶员航空知识手册[M].北京:中国民航出版社,2014.

[11] 张雅铭,张苇.直升机基本原理[M].郑州:河南科学技术出版社,2012.

[12] 熊伟,欧白羽,张振,等.基于美军研发状况的大型无人直升机研制途径分析[J].航空制造技术,2015(23/24):30-33.

[13] 马动涛.无人直升机控制系统设计及控制方法研究[D].西安:西北工业大学,2005.

[14] 王玥,张克,孙鑫.无人飞行器任务规划技术[M].北京:国防工业出版社,2015.

[15] 都基焱,段连飞,黄国满.无人机电视侦察目标定位原理[M].合肥:中国科学技术大学出版社,2013.

[16] 郑华美.小型无人机地面站软件系统的设计与实现[D].成都:电子科技大学,2015.

[17] 李小磊.无人机任务规划软件设计与实现[D].成都:电子科技大学,2014.

[18] 周焱.无人机地面站发展综述[J].航空电子技术,2010,41(1):1-6.

[19] 张周贤,赵先红,王彧,等.雷达侦察型无人机任务载荷校准技术研究[J].舰船电子对抗,2021,44(3):11-15.

[20] 张翼麟,王一琳.美国海军将装备MQ-8C火力侦察兵无人机执行电子战任务[J].战术导弹技术,2014(4):112.

[21] 丁勇飞,方元,向锦武,等.一种多用户协作规划系统:CN201910980634.0[P].2019-10-15.

[22] 王超,董秋杰.侦察打击一体化无人机武器系统的研究[J].科技创新导报,2009(4):6-7.

[23]　王涛,都基焱,黄克明.陆军多无人机作战运用问题研究[J].火力与指挥控制,2015, 40(8):173 - 175.

[24]　魏泽.浅析无人机遥感测绘技术在工程测绘中的应用发展[J].中文科技期刊数据库 (全文版)工程技术,2021(1):129 - 130.

[25]　袁全盛,胡永江,王长龙.无人机中继通信的关键技术与发展趋势[J].飞航导弹,2015 (10):26 - 29.

[26]　刘红军.美军无人机通信中继发展现状与趋势[J].飞航导弹,2017(2):35 - 40.

[27]　卢海涛,王自力.综合航空电子系统故障诊断与健康管理技术发展[J].电光与控制, 2015,22(8):60 - 65.

[28]　王松.民用飞机机载维护系统故障诊断技术研究[J].大科技,2018(7):156.

[29]　吴超,王浩文,张玉文,等.基于 LADRC 的无人直升机轨迹跟踪[J].航空学报,2015, 36(2):473 - 483.

[30]　欧阳龙春,侯振宇,冯仕怀,等.军用无人直升机的发展现状及趋势[J].航空科学技 术,2011(2):9 - 11.

[31]　朱菲菲,刘贺军.无人机任务载荷的技术现状和发展趋势[J].电光系统,2013(2): 16 - 21.

[32]　林天静,沈浩,杭飞.面向无人机任务载荷的通用数据记录技术[J].无人系统技术, 2018(3):52 - 58.

[33]　王海滨.一种无人机控制系统及控制方法:CN202110698849.0[P].2021 - 06 - 23.